中国河流泥沙公报

2022

中华人民共和国水利部　编著

中国水利水电出版社
www.waterpub.com.cn

·北京·

图书在版编目（ＣＩＰ）数据

中国河流泥沙公报. 2022 / 中华人民共和国水利部
编著. -- 北京 ： 中国水利水电出版社，2023.6
　ISBN 978-7-5226-1548-6

　Ⅰ．①中… Ⅱ．①中… Ⅲ．①河流泥沙－研究－中国
－2022 Ⅳ．①TV152

中国国家版本馆CIP数据核字(2023)第105011号

审图号：GS京（2023）1219号

责任编辑：宋晓

书　名	中国河流泥沙公报 2022 ZHONGGUO HELIU NISHA GONGBAO 2022
作　者	中华人民共和国水利部 编著
出版发行	中国水利水电出版社 （北京市海淀区玉渊潭南路 1 号 D 座　100038） 网址：www.waterpub.com.cn E-mail：sales@mwr.gov.cn 电话：(010) 68545888(营销中心)
经　售	北京科水图书销售有限公司 电话：(010) 68545874、63202643 全国各地新华书店和相关出版物销售网点
排　版	中国水利水电出版社装帧出版部
印　刷	河北鑫彩博图印刷有限公司
规　格	210mm×285mm　16 开本　5.5 印张　166 千字
版　次	2023 年 6 月第 1 版　2023 年 6 月第 1 次印刷
印　数	0001—1500 册
定　价	48.00 元

编写说明

1. 《中国河流泥沙公报》（以下简称《泥沙公报》）中各流域水沙状况系根据河流选择的水文控制站实测径流量和实测输沙量与多年平均值的比较进行描述。

2. 河流中运动的泥沙一般分为悬移质（悬浮于水中运动）与推移质（沿河底推移运动）两种。《泥沙公报》中的输沙量一般是指悬移质部分，不包括推移质。

3. 《泥沙公报》中描写河流泥沙的主要物理量及其定义如下：

流　　量——单位时间内通过某一过水断面的水量（立方米／秒）；

径 流 量——一定时段内通过河流某一断面的水量（立方米）；

输 沙 量——一定时段内通过河流某一断面的泥沙质量（吨）；

输沙模数——时段总输沙量与相应集水面积的比值[吨/（年·平方公里）]；

含 沙 量——单位体积浑水中所含干沙的质量（千克／立方米）；

中数粒径——泥沙颗粒组成中的代表性粒径（毫米），小于等于该粒径的泥沙占总质量的50%。

4. 河流泥沙测验按相关技术规范进行。一般采用断面取样法配合流量测验求算断面单位时间内悬移质的输沙量，并根据水、沙过程推算日、月、年等的输沙量。同时进行泥沙颗粒级配分析，求得泥沙粒径特征值。河床与水库的冲淤变化一般采用断面法测量与推算。

5. 本期《泥沙公报》中除高程专门说明者外，均采用1985国家高程基准。

6. 本期《泥沙公报》的多年平均值除另有说明外，一般是指1950—2020年实测值的平均数值，如实测起始年份晚于1950年，则取实测起始年份至2020年的平均值；近10年平均值是指2013—2022年实测值的平均数值；基本持平是指径流量和输沙量的变化幅度不超过5%。

7. 本期《泥沙公报》发布的泥沙信息不包含香港特别行政区、澳门特别行政区和台湾省的河流泥沙信息。

8. 本期《泥沙公报》参加编写单位为长江水利委员会、黄河水利委员会、淮河水利委员会、海河水利委员会、珠江水利委员会、松辽水利委员会、太湖流域管理局的水文局，北京、天津、河北、内蒙古、山东、黑龙江、辽宁、吉林、新疆、甘肃、陕西、河南、湖北、安徽、湖南、浙江、江西、福建、云南、广西、广东、青海、贵州、海南等省（自治区、直辖市）水文（水资源）（勘测）（管理）局（中心、站、总站）。

《泥沙公报》编写组由水利部水文司、水利部水文水资源监测预报中心、国际泥沙研究培训中心与各流域管理机构水文局有关人员组成。

综　　述

　　本期《泥沙公报》的编报范围包括长江、黄河、淮河、海河、珠江、松花江、辽河、钱塘江、闽江、塔里木河、黑河和疏勒河 12 条河流及青海湖区。内容包括河流主要水文控制站的年径流量、年输沙量及其年内分布和洪水泥沙特征，重点河段冲淤变化，重要水库及湖泊冲淤变化和重要泥沙事件。

　　本期《泥沙公报》所编报的主要河流代表水文站（以下简称代表站）2022 年总径流量为 13320 亿立方米（表 1），较多年平均年径流量 14280 亿立方米偏小 7%，较近 10 年平均年径流量 14560 亿立方米偏小 9%，较

表 1　2022 年主要河流代表水文站与实测水沙特征值

河　流	代表水文站	控制流域面积（万平方公里）	年径流量（亿立方米）			年输沙量（万吨）		
			多年平均	近 10 年平均	2022 年	多年平均	近 10 年平均	2022 年
长江	大通	170.54	8983	9166	7712	35100	11300	6650
黄河	潼关	68.22	335.3	305.8	263.8	92100	18200	20300
淮河	蚌埠＋临沂	13.16	282.0	259.3	144.2	997	370	95.4
海河	石匣里＋响水堡＋滦县＋下会＋张家坟＋阜平＋小觉＋观台＋元村集	14.43	73.68	44.10	61.28	3770	214	95.1
珠江	高要＋石角＋博罗＋潮安＋龙塘	45.11	3138	3171	3393	6980	2610	4190
松花江	哈尔滨＋秦家＋牡丹江	42.18	480.2	573.7	571.4	692	595	531
辽河	铁岭＋新民＋邢家窝棚＋唐马寨	14.87	74.15	76.76	176.2	1490	262	669
钱塘江	兰溪＋上虞东山＋诸暨	2.43	218.3	242.6	224.7	275	316	195
闽江	竹岐＋永泰（清水漈）	5.85	576.0	582.9	599.5	576	221	307
塔里木河	阿拉尔＋焉耆	15.04	72.76	80.52	124.3	2050	3260	4910
黑河	莺落峡	1.00	16.67	20.52	18.70	193	102	165
疏勒河	昌马堡＋党城湾	2.53	14.02	18.94	19.58	421	536	798
青海湖	布哈河口＋刚察	1.57	12.18	19.08	15.27	49.9	75.8	94.3
合计		396.93	14280	14560	13320	145000	38100	39000

2021 年径流量 14270 亿立方米减小 7%；代表站年总输沙量为 3.90 亿吨，较多年平均年输沙量 14.5 亿吨偏小 73%，与近 10 年平均年输沙量 3.81 亿吨基本持平，较 2021 年输沙量 3.31 亿吨增大 18%。其中，2022 年长江和珠江代表站的径流量分别占主要河流代表站年总径流量的 58% 和 25%；长江和黄河代表站的年输沙量分别占主要河流代表站年总输沙量的 17% 和 52%；2022 年黄河、塔里木河和疏勒河代表站平均含沙量较大，分别为 7.70 千克／立方米、3.95 千克／立方米和 4.08 千克／立方米，其他河流的代表站平均含沙量均小于 0.882 千克／立方米。

长江流域代表站 2022 年实测径流量和实测输沙量分别为 7712 亿立方米和 6650 万吨。2022 年长江干流主要水文控制站实测水沙特征值与多年平均值比较，直门达站年径流量偏大 16%，石鼓站和攀枝花站基本持平，其他站偏小 10%~17%；各站年输沙量偏小 22% ~ 100%。2022 年度重庆主城区河段泥沙冲刷量为 146.1 万立方米。2022 年三峡水库库区泥沙淤积量为 1097 万吨，水库排沙比为 19%；丹江口水库库区泥沙淤积量为 200 万吨，水库近似无排沙。2022 年洞庭湖湖区泥沙冲刷量为 753 万吨；鄱阳湖湖区泥沙淤积量为 263 万吨。

黄河流域代表站 2022 年实测径流量和实测输沙量分别为 263.8 亿立方米和 2.03 亿吨。2022 年黄河干流主要水文控制站实测水沙特征值与多年平均值比较，兰州站年径流量基本持平，其他站偏小 10%~27%；各站年输沙量偏小 38%~80%。2022 年度内蒙古河段石嘴山站、巴彦高勒和三湖河口站断面表现为淤积，头道拐站断面表现为冲刷；黄河下游河道淤积量为 0.230 亿立方米，引水量和引沙量分别为 82.98 亿立方米和 2030 万吨。2022 年度三门峡水库淤积量为 0.897 亿立方米，小浪底水库淤积量为 1.241 亿立方米。

淮河流域代表站 2022 年实测径流量和实测输沙量分别为 144.2 亿立方米和 95.4 万吨，较多年平均值分别偏小 49% 和 90%。

海河流域代表站 2022 年实测径流量和实测输沙量分别为 61.28 亿立方米和 95.1 万吨，较多年平均值分别偏小 17% 和 97%。

珠江流域代表站 2022 年实测径流量和实测输沙量分别为 3393 亿立方
米和 4190 万吨，较多年平均值分别偏大 8% 和偏小 40%。

松花江流域代表站 2022 年实测径流量和实测输沙量分别为 571.4 亿
立方米和 531 万吨，较多年平均值分别偏大 19% 和偏小 23%。

辽河流域代表站 2022 年实测径流量和实测输沙量分别为 176.2 亿立
方米和 669 万吨，较多年平均值分别偏大 138% 和偏小 55%。

钱塘江流域代表站 2022 年实测径流量和实测输沙量分别为 224.7 亿
立方米和 195 万吨。与多年平均值比较，2022 年代表站径流量基本持平，
年输沙量偏小 29%。

闽江流域代表站 2022 年实测径流量和实测输沙量分别为 599.5 亿立
方米和 307 万吨。与多年平均值比较，2022 年代表站径流量基本持平，
年输沙量偏小 47%。

塔里木河流域代表站 2022 年实测径流量和实测输沙量分别 124.3 亿
立方米和 4910 万吨，较多年平均值分别偏大 71% 和 140%。

黑河流域代表站 2022 年实测径流量和实测输沙量分别为 18.70 亿立
方米和 165 万吨，较多年平均值分别偏大 12% 和偏小 15%。

疏勒河流域代表站 2022 年实测径流量和实测输沙量分别为 19.58 亿
立方米和 798 万吨，较多年平均值分别偏大 40% 和 90%。

青海湖区代表站 2022 年实测径流量和实测输沙量分别为 15.27 亿立
方米和 94.3 万吨，较多年平均值分别偏大 25% 和 89%。

2022 年重要泥沙事件包括：长江流域特殊水情对水沙输移产生影响；
黄河中游通过水库联合调度实施汛前和汛期调水调沙；海河流域永定河实
施生态补水；珠江流域北江发生洪水致使河道水沙量增加。

目录

封面：黄河中游河段（喻权刚　摄）

封底：丹江口大坝（胡文波　摄）

正文图片：参编单位提供

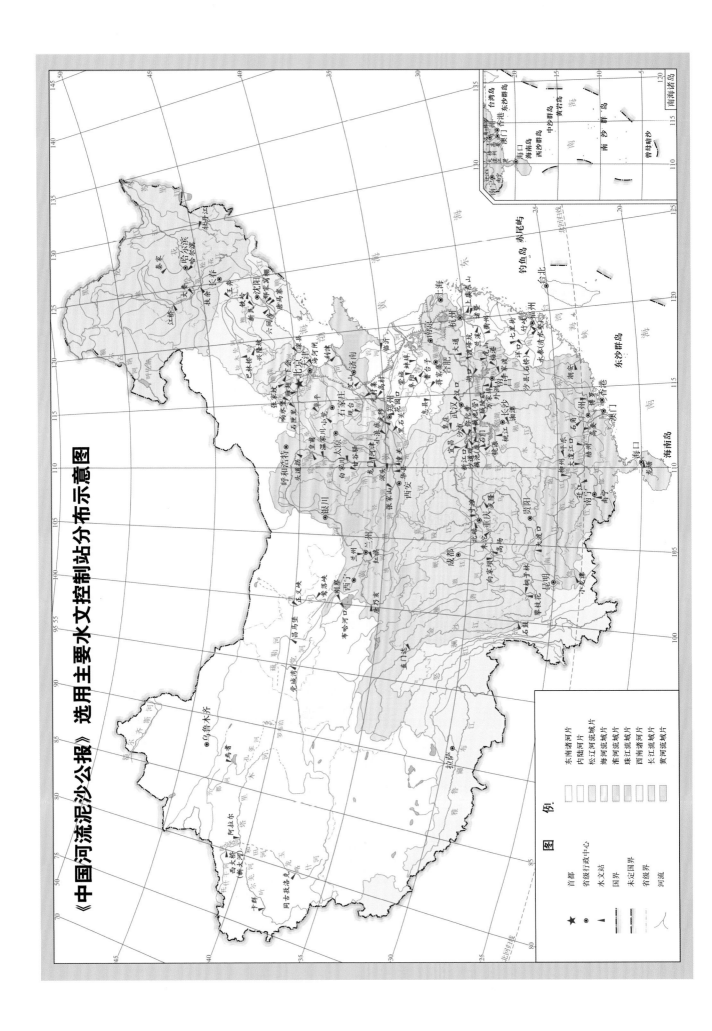

《中国河流泥沙公报》选用主要水文控制站分布示意图

第一章　长江

一、概述

2022 年长江干流主要水文控制站实测水沙特征值与多年平均值比较，直门达站年径流量偏大 16%，石鼓站和攀枝花站基本持平，其他站偏小 10%～17%；各站年输沙量偏小 22%～100%。与近 10 年平均值比较，2022 年石鼓站和攀枝花站径流量基本持平，其他站偏小 7%～18%；各站年输沙量偏小 35%～83%。与上年度比较，2022 年石鼓站和向家坝站径流量基本持平，其他站减小 6%～23%；各站年输沙量减小 11%～80%。

2022 年长江主要支流水文控制站实测水沙特征值与多年平均值比较，各站年径流量偏小 13%～32%；各站年输沙量偏小 61%～97%。与近 10 年平均值比较，2022 年各站径流量偏小 10%～29%；各站年输沙量偏小 37%～84%。与上年度比较，2022 年各站径流量减小 6%～58%；雅砻江桐子林站年输沙量基本持平，其他站减小 67%～91%。

2022 年洞庭湖区和鄱阳湖区主要水文控制站实测水沙特征值与多年平均值比较，洞庭湖区湘江湘潭站年径流量偏大 18%，资水桃江站基本持平，其他站偏小 9%～98%；各站年输沙量偏小 64%～100%。鄱阳湖区赣江外洲、信江梅港、饶河虎山和修水万家埠各站年径流量基本持平，其他站偏小 6%～17%；虎山站和饶河渡峰坑站年输沙量分别偏大 228% 和 16%，其他站偏小 7%～64%。与近 10 年平均值比较，2022 年洞庭湖区湘潭站径流量偏大 13%，桃江站基本持平，其他站偏小 14%～79%；沅江桃源站年输沙量基本持平，其他站偏小 24%～95%。鄱阳湖区梅港站和虎山站年径流量基本持平，其他站偏小 6%~27%；万家埠站年输沙量基本持平，外洲、梅港和虎山各站偏大17%~42%，其他站偏小 13%~49%。与上年度比较，2022 年湘潭站径流量增大 33%，桃江站基本持平，其他站减小 14%~77%；湘潭、桃源和洞庭湖湖口城陵矶各站年输沙量分别增大 46%、80% 和 16%，其他站减小 40%~90%。鄱阳湖区外洲站和抚河李家渡站年径流量分别增大 36% 和 15%，虎山站和渡峰坑站分别减小 16% 和 23%，其他站基本持平；李家渡站年输沙量减小 16%，其他站增大 26%~131%。

2022 年度重庆主城区河段泥沙冲刷量为 146.1 万立方米。2022 年三峡水库库区泥沙淤积量为 0.110 亿吨，水库排沙比为 19%；丹江口水库库区泥沙淤积量为 200 万吨，水库近似无排沙。2022 年洞庭湖湖区泥沙冲刷量为 753 万吨，湖区冲刷比为 138%；鄱阳湖湖区泥沙淤积量为 263 万吨，湖区淤积比为 34%。

2022 年重要泥沙事件为长江流域特殊水情对水沙输移产生影响。

二、径流量与输沙量

（一）2022 年实测水沙特征值

1. 长江干流

2022 年长江干流主要水文控制站实测水沙特征值与多年平均值、近 10 年平均值及 2021 年值的比较见表 1-1 和图 1-1。

2022 年长江干流主要水文控制站实测径流量与多年平均值比较，直门达站偏大16%，向家坝、朱沱、寸滩、宜昌、沙市、汉口和大通各站分别偏小 10%、14%、17%、16%、13%、15% 和 14%，石鼓站和攀枝花站基本持平；与近 10 年平均值比较，直门达、向家坝、朱沱、寸滩、宜昌、沙市、汉口和大通各站年径流量分别偏小 7%、7%、13%、17%、18%、16%、16% 和 16%，石鼓站和攀枝花站基本持平；与上年度比较，直门达、攀枝花、朱沱、寸滩、宜昌、沙市、汉口和大通各站年径流量分别减小 22%、6%、6%、21%、23%、22%、23% 和 20%，石鼓站和向家坝站基本持平。

2022 年长江干流主要水文控制站实测输沙量与多年平均值比较，直门达、石鼓、攀枝花、向家坝、朱沱、寸滩、宜昌、沙市、汉口和大通各站分别偏小 22%、74%、98%、近 100%、97%、96%、99%、98%、89% 和 81%；与近 10 年平均值比较，直门达、石鼓、攀枝花、向家坝、朱沱、寸滩、宜昌、沙市、汉口和大通各站年输沙量分别偏小 35%、78%、76%、43%、83%、81%、83%、77%、48% 和 41%；与上年度比较，直门达、石鼓、攀枝花、向家坝、朱沱、寸滩、宜昌、沙市、汉口和大通各站年输沙量分别减小 42%、68%、11%、27%、68%、80%、75%、65%、44% 和 35%。

表 1-1　长江干流主要水文控制站实测水沙特征值对比

水文控制站		直门达	石鼓	攀枝花	向家坝	朱沱	寸滩	宜昌	沙市	汉口	大通
控制流域面积（万平方公里）		13.77	21.42	25.92	45.88	69.47	86.66	100.55		148.80	170.54
年径流量（亿立方米）	多年平均	134.0 (1957—2020年)	426.8 (1952—2020年)	568.4 (1966—2020年)	1425 (1956—2020年)	2668 (1954—2020年)	3448 (1950—2020年)	4330 (1950—2020年)	3932 (1955—2020年)	7074 (1954—2020年)	8983 (1950—2020年)
	近10年平均	167.0	435.2	573.3	1366	2654	3427	4394	4052	7163	9166
	2021年	198.4	449.0	583.0	1229	2440	3605	4723	4352	7829	9646
	2022年	154.8	440.7	546.3	1276	2303	2851	3623	3411	6009	7712
年输沙量（亿吨）	多年平均	0.100 (1957—2020年)	0.268 (1958—2020年)	0.430 (1966—2020年)	2.06 (1956—2020年)	2.51 (1956—2020年)	3.53 (1953—2020年)	3.76 (1950—2020年)	3.26 (1956—2020年)	3.17 (1954—2020年)	3.51 (1951—2020年)
	近10年平均	0.120	0.310	0.034	0.014	0.431	0.755	0.161	0.270	0.700	1.13
	2021年	0.135	0.214	0.009	0.011	0.229	0.735	0.111	0.178	0.644	1.02
	2022年	0.078	0.069	0.008	0.008	0.074	0.145	0.028	0.062	0.363	0.665
年平均含沙量（千克/立方米）	多年平均	0.745 (1957—2020年)	0.631 (1958—2020年)	0.754 (1966—2020年)	1.44 (1956—2020年)	0.946 (1956—2020年)	1.03 (1953—2020年)	0.869 (1950—2020年)	0.831 (1956—2020年)	0.448 (1954—2020年)	0.392 (1951—2020年)
	2021年	0.682	0.478	0.015	0.009	0.094	0.204	0.024	0.041	0.082	0.106
	2022年	0.503	0.157	0.014	0.006	0.032	0.051	0.008	0.018	0.060	0.086
年平均中数粒径（毫米）	多年平均		0.016 (1987—2020年)	0.013 (1987—2020年)	0.013 (1987—2020年)	0.011 (1987—2020年)	0.010 (1987—2020年)	0.008 (1987—2020年)	0.019 (1987—2020年)	0.012 (1987—2020年)	0.011 (1987—2020年)
	2021年		0.012	0.009	0.016	0.012	0.012	0.007	0.013	0.011	0.021
	2022年		0.012	0.008	0.018	0.012	0.013	0.012	0.035	0.012	0.021
输沙模数[吨/(年·平方公里)]	多年平均	72.6 (1957—2020年)	125 (1958—2020年)	166 (1966—2020年)	449 (1956—2020年)	361 (1956—2020年)	407 (1950—2020年)	374 (1950—2020年)		213 (1954—2020年)	206 (1951—2020年)
	2021年	98.0	99.9	3.48	2.38	33.0	84.8	11.0		43.3	59.8
	2022年	56.6	32.4	2.98	1.81	10.7	16.7	2.74		24.4	39.0

2. 长江主要支流

2022 年长江主要支流水文控制站实测水沙特征值与多年平均值、近 10 年平均值及 2021 年值的比较见表 1-2 和图 1-2。

2022 年长江主要支流水文控制站实测径流量与多年平均值比较，雅砻江桐子林、岷江高场、嘉陵江北碚、乌江武隆和汉江皇庄各站分别偏小 13%、17%、26%、27% 和 32%；与近 10 年平均值比较，桐子林、高场、北碚、武隆和皇庄各站年径流量分别偏小 10%、17%、29%、26% 和 15%；与上年度比较，桐子林、高场、北碚、武隆和皇庄各站年径流量分别减小 6%、14%、56%、31% 和 58%。

2022 年长江主要支流水文控制站实测输沙量与多年平均值比较，桐子林、高场、北碚、武隆和皇庄各站分别偏小 61%、91%、94%、97% 和 97%；与近 10 年平均值比较，桐子林、高场、北碚、武隆和皇庄各站年输沙量分别偏小 37%、81%、84%、74% 和 61%；与上年度比较，桐子林站年输沙量基本持平，高场、北碚、武隆和皇庄各站分别减小 67%、91%、73% 和 91%。

(a) 实测年径流量

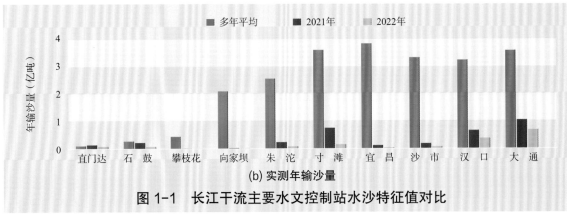

(b) 实测年输沙量

图 1-1　长江干流主要水文控制站水沙特征值对比

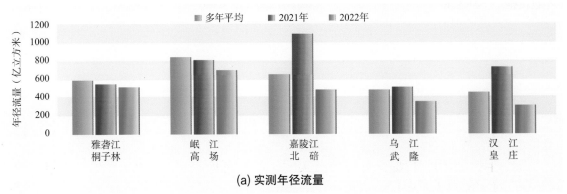

(a) 实测年径流量

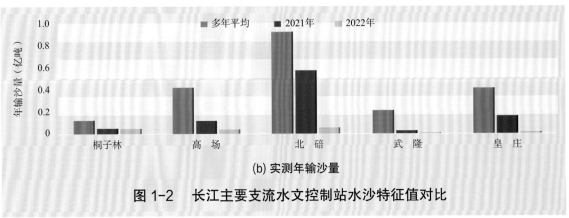

(b) 实测年输沙量

图 1-2　长江主要支流水文控制站水沙特征值对比

表 1-2　长江主要支流水文控制站实测水沙特征值对比

河　　流	雅砻江	岷　江	嘉陵江	乌　江	汉　江
水文控制站	桐子林	高　场	北　碚	武　隆	皇　庄
控制流域面积（万平方公里）	12.84	13.54	15.67	8.30	14.21
年径流量（亿立方米）多年平均	595.2 (1999—2020年)	847.9 (1956—2020年)	657.4 (1956—2020年)	485.6 (1956—2020年)	458.2 (1950—2020年)
年径流量 近10年平均	577.2	845.0	686.3	481.2	366.3
年径流量 2021年	554.4	816.7	1101	517.4	735.6
年径流量 2022年	520.1	704.2	488.3	356.0	312.3
年输沙量（亿吨）多年平均	0.122 (1999—2020年)	0.419 (1956—2020年)	0.922 (1956—2020年)	0.210 (1956—2020年)	0.412 (1951—2020年)
年输沙量 近10年平均	0.075	0.210	0.334	0.027	0.036
年输沙量 2021年	0.049	0.117	0.572	0.026	0.159
年输沙量 2022年	0.047	0.039	0.054	0.007	0.014
年平均含沙量（千克/立方米）多年平均	0.206 (1999—2020年)	0.494 (1956—2020年)	1.40 (1956—2020年)	0.433 (1956—2020年)	0.899 (1951—2020年)
年平均含沙量 2021年	0.089	0.144	0.519	0.050	0.216
年平均含沙量 2022年	0.090	0.055	0.112	0.020	0.045
年平均中数粒径（毫米）多年平均		0.016 (1987—2020年)	0.008 (2000—2020年)	0.008 (1987—2020年)	0.045 (1987—2020年)
年平均中数粒径 2021年		0.011	0.010	0.009	0.014
年平均中数粒径 2022年		0.009	0.010	0.012	0.016
输沙模数[吨/(年·平方公里)]多年平均	95.0 (1999—2020年)	310 (1956—2020年)	588 (1956—2020年)	253 (1956—2020年)	290 (1951—2020年)
输沙模数 2021年	38.4	86.4	365	31.4	112
输沙模数 2022年	36.5	28.6	34.8	8.73	10.0

3. 洞庭湖区

2022 年洞庭湖区主要水文控制站实测水沙特征值与多年平均值、近 10 年平均值及 2021 年值的比较见表 1-3 和图 1-3。

2022 年洞庭湖区主要水文控制站实测径流量与多年平均值比较，湘江湘潭站偏大 18%，资水桃江站基本持平，沅江桃源站和澧水石门站分别偏小 9% 和 37%；荆江河段松滋口、太平口和藕池口（以下简称"三口"）区域内，新江口、沙道观、弥陀寺、藕池（康）和藕池（管）各站分别偏小 43%、62%、87%、98% 和 81%；洞庭湖湖口城陵矶站偏小 19%。与近 10 年平均值比较，湘潭站年径流量偏大 13%，桃江站基本持平，桃源站和石门站分别偏小 18% 和 38%；荆江三口新江口、沙道观、弥陀寺、藕池（康）和藕池（管）各站分别偏小 35%、38%、70%、79% 和 48%；城陵矶站偏小 14%。与上年度比较，湘潭站年径流量增大 33%，桃江站基本持平，桃源站和石门站分别减小 23% 和 39%；荆江三口各站分别减小 40%、49%、67%、77% 和 53%；城陵矶站减小 14%。

表 1-3　洞庭湖区主要水文控制站实测水沙特征值对比

河　　流	湘　江	资　水	沅　江	澧　水	松滋河（西）	松滋河（东）	虎渡河	安乡河	藕池河	洞庭湖湖口
水文控制站	湘潭	桃江	桃源	石门	新江口	沙道观	弥陀寺	藕池（康）	藕池（管）	城陵矶
控制流域面积（万平方公里）	8.16	2.67	8.52	1.53						
年径流量（亿立方米）多年平均	660.7 (1950—2020年)	229.0 (1951—2020年)	648.0 (1951—2020年)	147.9 (1950—2020年)	292.4 (1955—2020年)	96.00 (1955—2020年)	143.1 (1953—2020年)	23.43 (1950—2020年)	289.4 (1950—2020年)	2842 (1951—2020年)
近10年平均	691.5	233.8	721.0	148.4	254.6	58.40	61.16	2.589	106.0	2672
2021年	587.3	239.4	765.1	151.7	275.4	71.23	56.48	2.362	116.1	2670
2022年	780.1	230.1	590.7	92.47	166.1	36.08	18.63	0.5374	54.90	2289
年输沙量（万吨）多年平均	875 (1953—2020年)	177 (1953—2020年)	883 (1952—2020年)	474 (1953—2020年)	2510 (1955—2020年)	1000 (1955—2020年)	1360 (1954—2020年)	311 (1956—2020年)	3920 (1956—2020年)	3630 (1951—2020年)
近10年平均	428	69.3	142	97.8	235	63.7	52.4	3.23	141	1700
2021年	217	35.9	76.0	38.2	265	49.0	31.2	1.54	91.4	1120
2022年	316	21.6	137	9.54	32.0	8.92	4.57	0.151	17.6	1300
年平均含沙量（千克/立方米）多年平均	0.133 (1953—2020年)	0.078 (1953—2020年)	0.136 (1952—2020年)	0.321 (1953—2020年)	0.858 (1955—2020年)	1.04 (1955—2020年)	0.983 (1954—2020年)	1.93 (1956—2020年)	1.59 (1956—2020年)	0.128 (1951—2020年)
2021年	0.037	0.015	0.010	0.025	0.096	0.069	0.054	0.065	0.079	0.042
2022年	0.040	0.009	0.023	0.010	0.019	0.025	0.024	0.028	0.032	0.057
年平均中数粒径（毫米）多年平均	0.027 (1987—2020年)	0.031 (1987—2020年)	0.012 (1987—2020年)	0.017 (1987—2020年)	0.009 (1987—2020年)	0.008 (1990—2020年)	0.008 (1990—2020年)	0.010 (1990—2020年)	0.011 (1987—2020年)	0.005 (1987—2020年)
2021年	0.011	0.011	0.009	0.011	0.012	0.011	0.010	0.010	0.011	0.010
2022年	0.025	0.011	0.007	0.010	0.021	0.016	0.019	0.019	0.015	0.011	0.009
输沙模数[吨/（年·平方公里）]多年平均	107 (1953—2020年)	66.3 (1953—2020年)	104 (1952—2020年)	310 (1953—2020年)						
2021年	26.6	13.4	8.92	25.0						
2022年	38.7	8.08	16.1	6.23						

　　2022年洞庭湖区主要水文控制站实测输沙量与多年平均值比较，湘潭、桃江、桃源和石门各站分别偏小64%、88%、84%和98%；荆江三口新江口、沙道观、弥陀寺、藕池（康）和藕池（管）各站分别偏小99%、99%、近100%、近100%和近100%；城陵矶站偏小64%。与近10年平均值比较，湘潭、桃江和石门各站年输沙量分别偏小26%、69%和90%，桃源站基本持平；荆江三口各站分别偏小86%、86%、91%、95%和88%；城陵矶站偏小24%。与上年度比较，湘潭站和桃源站年输沙量分别增大46%和80%，桃江站和石门站分别减小40%和75%；荆江三口各站分别减小88%、82%、85%、90%和81%；城陵矶站增大16%。

4. 鄱阳湖区

　　2022年鄱阳湖区主要水文控制站实测水沙特征值与多年平均值、近10年平均值及2021年值的比较见表1-4和图1-4。

　　2022年鄱阳湖区主要水文控制站实测径流量与多年平均值比较，赣江外洲、信江梅港、饶河虎山和修水万家埠各站基本持平，抚河李家渡、饶河渡峰坑和湖口水道湖

(a) 实测年径流量

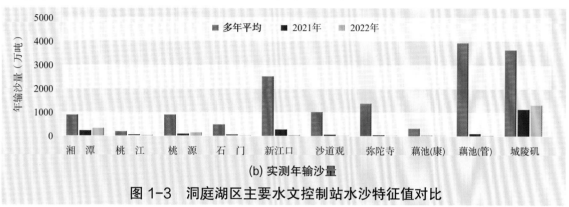

(b) 实测年输沙量

图 1-3 洞庭湖区主要水文控制站水沙特征值对比

(a) 实测年径流量

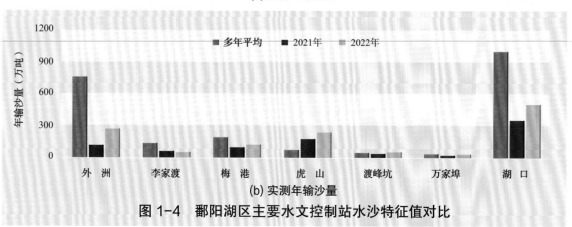

(b) 实测年输沙量

图 1-4 鄱阳湖区主要水文控制站水沙特征值对比

表 1-4　鄱阳湖区主要水文控制站实测水沙特征值对比

河　流		赣江	抚河	信江	饶河	饶河	修水	湖口水道
水文控制站		外　洲	李家渡	梅港	虎　山	渡峰坑	万家埠	湖　口
控制流域面积 （万平方公里）		8.09	1.58	1.55	0.64	0.50	0.35	16.22
年径流量 （亿立方米）	多年平均	689.2 （1950—2020年）	128.2 （1953—2020年）	181.8 （1953—2020年）	72.14 （1953—2020年）	47.58 （1953—2020年）	35.83 （1953—2020年）	1518 （1950—2020年）
	近10年平均	711.3	127.7	188.4	78.92	54.13	41.10	1594
	2021年	491.9	97.04	190.4	89.66	50.71	35.32	1361
	2022年	668.0	111.5	180.0	75.35	39.30	34.43	1430
年输沙量 （万吨）	多年平均	759 （1956—2020年）	135 （1956—2020年）	191 （1955—2020年）	72.3 （1956—2020年）	46.2 （1956—2020年）	34.9 （1957—2020年）	1000 （1952—2020年）
	近10年平均	196	100	104	167	61.3	31.6	730
	2021年	117	61.0	97.1	176	38.0	22.0	352
	2022年	270	51.0	122	237	53.4	32.5	503
年平均 含沙量 （千克/立方米）	多年平均	0.111 （1956—2020年）	0.108 （1956—2020年）	0.107 （1955—2020年）	0.100 （1956—2020年）	0.097 （1956—2020年）	0.099 （1957—2020年）	0.066 （1952—2020年）
	2021年	0.024	0.063	0.051	0.196	0.075	0.062	0.026
	2022年	0.040	0.046	0.068	0.314	0.135	0.094	0.035
年平均 中数粒径 （毫米）	多年平均	0.043 （1987—2020年）	0.046 （1987—2020年）	0.015 （1987—2020年）				0.007 （2006—2020年）
	2021年	0.010	0.014	0.010				0.013
	2022年	0.012	0.012	0.010				0.009
输沙模数 [吨/（年·平方公里）]	多年平均	93.8 （1956—2020年）	85.4 （1956—2020年）	123 （1955—2020年）	113 （1956—2020年）	92.4 （1956—2020年）	99.7 （1957—2020年）	61.7 （1952—2020年）
	2021年	14.5	38.6	62.5	276	75.8	62.0	21.7
	2022年	33.4	32.3	78.5	372	107	91.6	31.0

口各站分别偏小 13%、17% 和 6%；与近 10 年平均值比较，外洲、李家渡、渡峰坑、万家埠和湖口各站年径流量分别偏小 6%、13%、27%、16% 和 10%，梅港站和虎山站基本持平；与上年度比较，外洲站和李家渡站年径流量分别增大 36% 和 15%，虎山站和渡峰坑站分别减小 16% 和 23%，梅港、万家埠和湖口各站基本持平。

2022 年鄱阳湖区主要水文控制站实测输沙量与多年平均值比较，虎山站和渡峰坑站分别偏大 228% 和 16%，外洲、李家渡、梅港、万家埠和湖口各站分别偏小 64%、62%、36%、7% 和 50%；与近 10 年平均值比较，外洲、梅港和虎山各站年输沙量分别偏大 38%、17% 和 42%，李家渡、渡峰坑和湖口各站分别偏小 49%、13% 和 31%，万家埠站基本持平；与上年度比较，外洲、梅港、虎山、渡峰坑、万家埠和湖口各站年输沙量分别增大 131%、26%、35%、41%、48% 和 43%，李家渡站减小 16%。

（二）径流量与输沙量年内变化

1. 长江干流

2022 年长江干流主要水文控制站逐月径流量与输沙量的变化见图 1-5。2022 年长江干流主要水文控制站直门达、石鼓、攀枝花、向家坝、朱沱和寸滩各站的径流量和

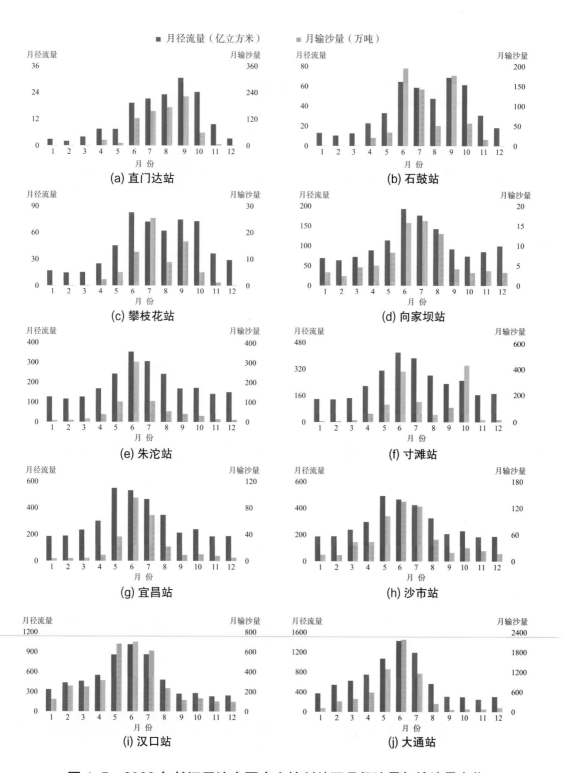

■ 月径流量（亿立方米） ■ 月输沙量（万吨）

(a) 直门达站

(b) 石鼓站

(c) 攀枝花站

(d) 向家坝站

(e) 朱沱站

(f) 寸滩站

(g) 宜昌站

(h) 沙市站

(i) 汉口站

(j) 大通站

图 1-5　2022 年长江干流主要水文控制站逐月径流量与输沙量变化

输沙量主要集中在 5—10 月，分别占全年的 62%~81% 和 73%~96%。宜昌、沙市、汉口和大通各站的径流量和输沙量主要集中在 3—8 月，分别占全年的 66%~73% 和 77%~88%。

2. 长江主要支流

2022 年长江主要支流水文控制站逐月径流量与输沙量的变化见图 1-6。2022 年长

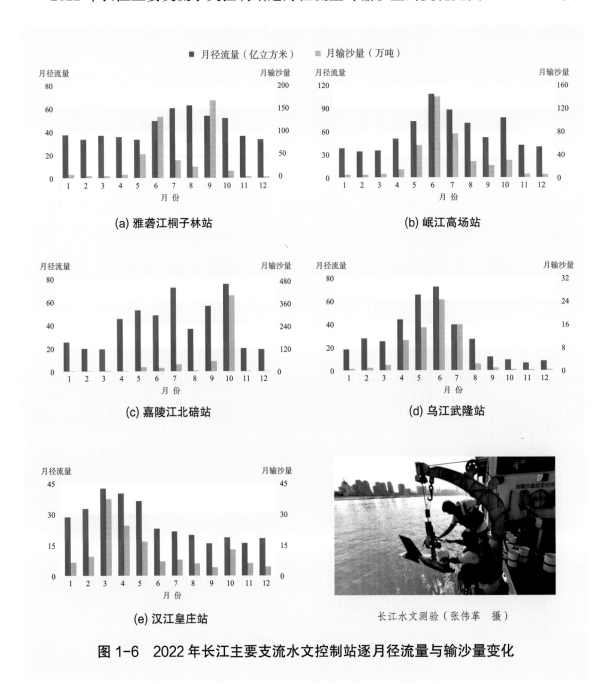

图 1-6　2022 年长江主要支流水文控制站逐月径流量与输沙量变化

江主要支流水文控制站桐子林、高场及北碚各站径流量和输沙量主要集中在 5—10 月，分别占全年的 59%~70% 和 90%~98%；武隆站径流量和输沙量主要集中在 4—8 月，分别占全年的 70% 和 93%；皇庄站径流量和输沙量主要集中在 1—6 月，分别占全年的 65% 和 71%。

3. 洞庭湖区和鄱阳湖区

2022 年洞庭湖区和鄱阳湖区主要水文控制站逐月径流量和输沙量的变化见图1-7。

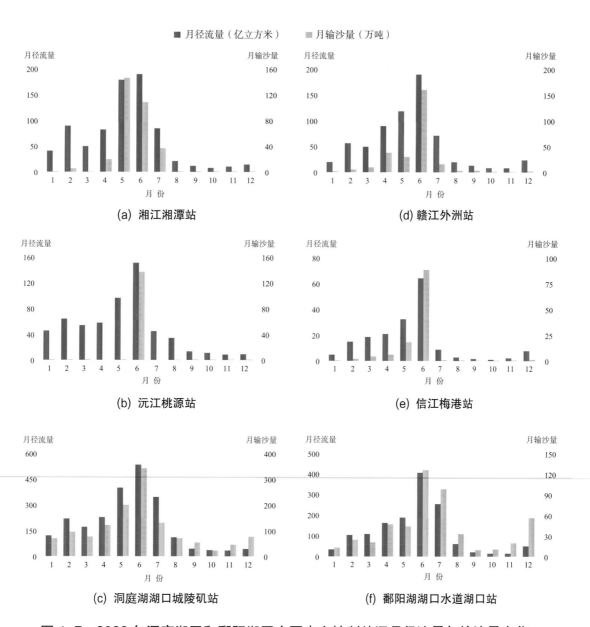

图 1-7　2022 年洞庭湖区和鄱阳湖区主要水文控制站逐月径流量与输沙量变化

2022 年洞庭湖区湘潭、桃源和城陵矶各站以及鄱阳湖区外洲、梅港和湖口各站径流量与输沙量主要集中 4—7 月，分别占全年的 59%~71% 和 61%~100%。

（三）洪水泥沙

2022 年长江流域嘉陵江、汉江和饶河等支流发生编号洪水，北碚、白河和虎山各站洪峰流量分别为 18200 立方米 / 秒、11800 立方米 / 秒和 10500 立方米 / 秒，最大含沙量分别为 1.44 千克 / 立方米、1.79 千克 / 立方米和 1.04 千克 / 立方米。2022 年长江流域洪水泥沙特征值见表 1-5。

表 1-5　2022 年长江流域洪水泥沙特征值

河流	水文控制站	洪水起止时间（月.日 时:分）	洪水径流量（亿立方米）	洪水输沙量（万吨）	洪峰流量		最大含沙量	
					流量（立方米/秒）	发生时间（月.日 时:分）	含沙量（千克/立方米）	发生时间（月.日 时:分）
嘉陵江	北碚	10.2 7:05—10.16 8:00	64.00	401	18200	10.6 17:35	1.44	10.6 8:50
汉江	白河	10.1 16:15—10.13 12:25	36.72	174	11800	10.5 5:40	1.79	10.5 2:00
饶河	虎山	6.17 6:40—6.29 15:15	25.00	183	10500	6.21 8:00	1.04	6.21 1:23

三、重点河段冲淤变化

以重庆主城区河段作为长江重点河段。

（一）河段概况

重庆主城区河段是指长江干流大渡口至铜锣峡的干流河段（长约 40 公里）和嘉陵江井口至朝天门的嘉陵江河段（长约 20 公里），嘉陵江在朝天门从左岸汇入长江。重庆主城区河道在平面上呈连续弯曲的河道形态，弯道段与顺直过渡段长度所占比例约为 1:1，河势稳定。重庆主城区河段河势见图 1-8。

（二）冲淤变化

重庆主城区河段位于三峡水库变动回水区上段，2008 年三峡水库进行 175 米（吴淞基面，三峡水库水位、高程同下）试验性蓄水后，受上游来水来沙变化及人类活动影响，2008 年 9 月中旬至 2022 年 12 月全河段累积冲刷量为 2067.2 万立方米。其中，嘉陵江汇合口以下的长江干流河段冲刷 74.4 万立方米，汇合口以上长江干流河段冲刷 1756.8 万立方米，嘉陵江河段冲刷 236.0 万立方米。

2021 年 12 月至 2022 年 12 月，重庆主城区河段表现为冲刷，泥沙冲刷量为 146.1 万立方米。其中，长江干流汇合口以下河段冲刷 6.2 万立方米，长江干流汇合口以上河

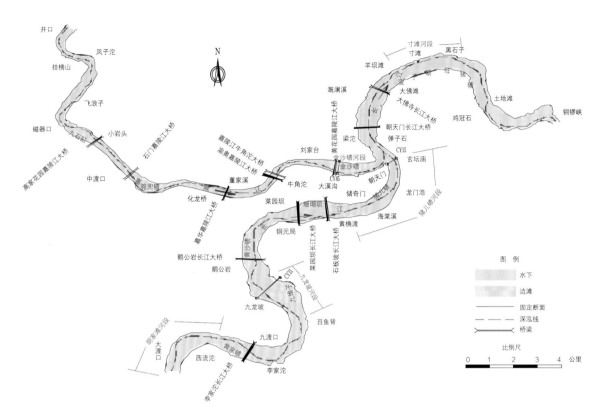

图 1-8　重庆主城区河段河势示意图

段冲刷 54.2 万立方米，嘉陵江河段冲刷 85.7 万立方米。九龙坡、猪儿碛、寸滩和金沙碛等局部重点河段均表现为冲刷。具体见表 1-6 及图 1-9。

表 1-6　重庆主城区河段冲淤量

单位：万立方米

时段 河段	局部重点河段				长江干流		嘉陵江	全河段
	九龙坡	猪儿碛	寸　滩	金沙碛	汇合口（CY15）以上	汇合口（CY15）以下		
2008 年 9 月至 2021 年 12 月	−237.5	−124.6	+22.6	−12.6	−1702.6	−68.2	−150.3	−1921.1
2020 年 12 月至 2022 年 6 月	−24.8	−20.9	−11.1	−12.0	−88.5	−89.2	−69.7	−247.4
2022 年 6 月至 2022 年 12 月	+1.9	+17.1	+10.8	−0.8	+34.3	+83.0	−16.0	+101.3
2021 年 12 月至 2022 年 12 月	−22.9	−3.8	−0.3	−12.8	−54.2	−6.2	−85.7	−146.1
2008 年 9 月至 2022 年 12 月	−260.4	−128.4	+22.3	−25.4	−1756.8	−74.4	−236.0	−2067.2

注　1. "+"表示淤积，"−"表示冲刷。

　　2. 九龙坡、猪儿碛和寸滩河段分别为长江九龙坡港区、汇合口上游干流港区和寸滩新港区，计算河段长度分别为 2364 米、3717 米和 2578 米；金沙碛河段为嘉陵江口门段（朝天门附近），计算河段长度为 2671 米。

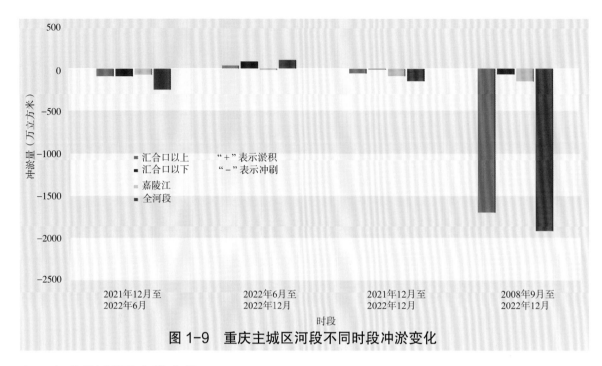

图 1-9　重庆主城区河段不同时段冲淤变化

（三）典型断面冲淤变化

在三峡水库蓄水以前的天然情况下，断面年内变化主要表现为汛期淤积、非汛期冲刷，年际间无明显单向性的冲深或淤高现象。2008 年三峡水库 175 米试验性蓄水以来，年际间河床断面形态多无明显变化，局部受采砂影响高程有所下降（图 1-10）。2022 年内有冲有淤，汛前消落期局部有明显冲刷，汛期嘉陵江河口段的断面有所淤积（图 1-11）。

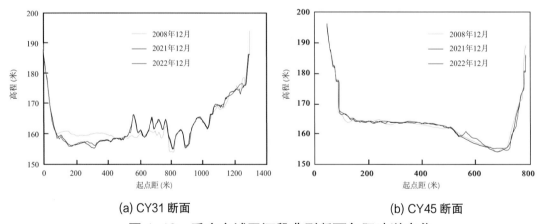

(a) CY31 断面　　　　　　　　　　　　(b) CY45 断面

图 1-10　重庆主城区河段典型断面年际冲淤变化

（四）河道深泓纵剖面冲淤变化

重庆主城区河段深泓纵剖面有冲有淤，2022 年年内深泓变化幅度一般在 0.3 米以内。深泓纵剖面变化见图 1-12。

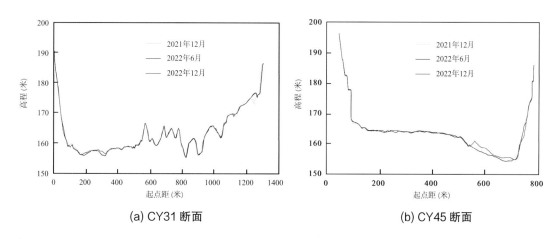

(a) CY31 断面　　　　　　　　　　　　(b) CY45 断面

图 1-11　重庆主城区河段典型断面年内冲淤变化

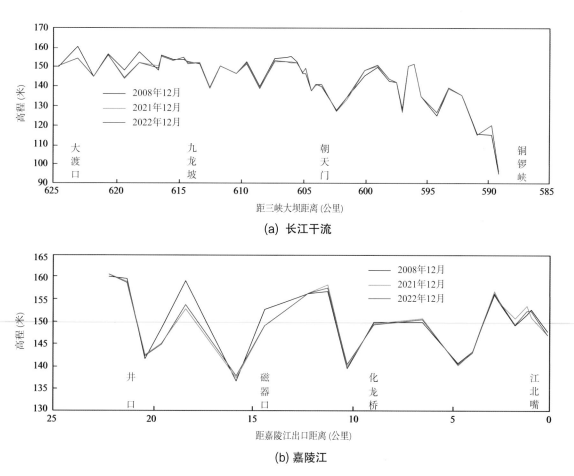

(a) 长江干流

(b) 嘉陵江

图 1-12　重庆主城区河段长江干流和嘉陵江深泓纵剖面变化

四、重要水库和湖泊冲淤变化

（一）三峡水库

1. 进出库水沙量

2022 年 1 月 1 日三峡水库坝前水位由 170.78 米开始逐步消落，6 月 9 日 17 时水库水位消落至 144.99 米。随后三峡水库转入汛期运行，9 月 10 日起三峡水库进行 175 米蓄水（坝前水位为 147.95 米），至 11 月 4 日 12 时坝前水位达到汛后最高水位 160.04 米。2022 年三峡水库入库径流量和输沙量（朱沱站、北碚站和武隆站三站之和）分别为 3147 亿立方米和 0.136 亿吨，与 2003—2021 年的平均值相比，分别偏小 16% 和 91%。

三峡水库出库控制站黄陵庙水文站，2022 年径流量和输沙量分别为 3549 亿立方米和 0.0263 亿吨。宜昌站 2022 年径流量和输沙量分别为 3623 亿立方米和 0.0276 亿吨，与 2003—2021 年的平均值相比，分别偏小 15% 和 92%。

2. 水库淤积量

在不考虑区间来沙的情况下，库区泥沙淤积量为三峡水库入库与出库沙量之差。2022 年三峡水库库区泥沙淤积量为 0.110 亿吨，水库排沙比为 19%。2022 年三峡水库泥沙淤积量年内变化见图 1-13。

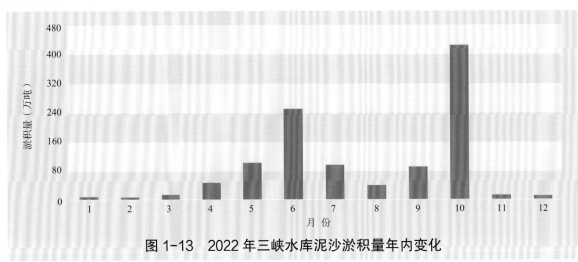

图 1-13　2022 年三峡水库泥沙淤积量年内变化

三峡水库 2003 年 6 月蓄水运用以来至 2022 年 12 月，入库悬移质泥沙量为 26.9 亿吨，出库（黄陵庙站）悬移质泥沙量为 6.35 亿吨，不考虑三峡水库库区区间来沙，水库泥沙淤积量为 20.6 亿吨，水库排沙比为 24%。

3. 水库典型断面冲淤分布

三峡水库蓄水运用以来，受上游来水来沙、河道采砂和水库调度等影响，变动回水区总体冲刷，泥沙淤积主要集中在涪陵以下的常年回水区，水库 175 米高程以下河床内泥沙淤积量占干流总淤积量的 95%（其中：在 145 米高程以下的水库死库容内河床淤积量占干流总淤积量的 87%；145~175 米高程之间的水库防洪库容内河床淤积占干流总淤积量的 8%）。三峡水库泥沙淤积以主槽淤积为主，沿程则以宽谷河段淤积为主，占总淤积量的 94%，如 S113、S207 等断面；窄深河段淤积相对较少或略有冲刷，如位于瞿塘峡的 S109 断面；深泓最大淤高 67.9 米（S34 断面）。三峡水库典型断面冲淤变化见图 1-14。

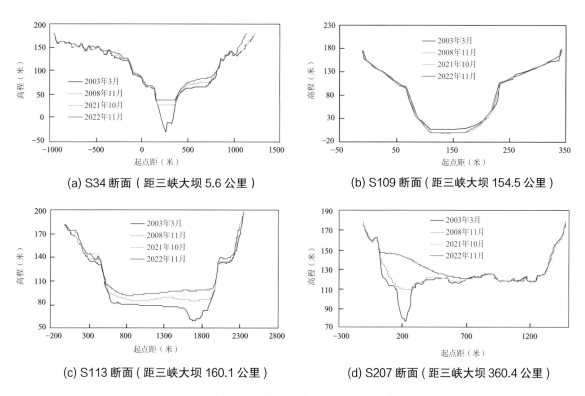

(a) S34 断面（距三峡大坝 5.6 公里）　　　　(b) S109 断面（距三峡大坝 154.5 公里）

(c) S113 断面（距三峡大坝 160.1 公里）　　　　(d) S207 断面（距三峡大坝 360.4 公里）

图 1-14　三峡水库典型断面冲淤变化

（二）丹江口水库

丹江口水利枢纽位于汉江中游、丹江和汉江汇合口下游 0.8 公里处。丹江口水库自 1968 年开始蓄水，1973 年建成初期规模，坝顶高程为 162 米（吴淞高程，丹江口水库水位、高程下同），2014 年大坝坝顶高程加高至 176.6 米，正常蓄水位为 170 米。

1. 进出库水沙量

2022 年丹江口水库入库径流量和输沙量（干流白河站、天河贾家坊站、堵河黄龙滩站、丹江磨峪湾站和老灌河淅川站五站之和）分别为 240.7 亿立方米和 200 万吨，较 2021 年度分别减少 65% 和 92%。

2022 年丹江口水库出库径流量和输沙量（丹江口大坝、南水北调中线调水的渠首陶岔闸和清泉沟闸三个出库口水沙量之和）分别为 340.6 亿立方米和近似 0 万吨，其中大坝出库控制站黄家港站年径流量和年输沙量分别为 242.4 亿立方米和近似 0 万吨，陶岔闸和清泉沟闸引沙量近似为 0。与上年度相比，2022 年出库径流量减少 48%。

2. 水库淤积量

在不考虑区间来沙量的情况下，2022 年丹江口水库库区泥沙淤积量为 200 万吨，水库近似无排沙。

（三）洞庭湖

1. 进出湖水沙量

2022 年洞庭湖入湖主要控制站总径流量和总输沙量分别为 1970 亿立方米和 547 万吨，其中：荆江三口年径流量和年输沙量分别为 276.2 亿立方米和 63.2 万吨，洞庭湖区湘江、资水、沅江和澧水（简称"四水"）控制站年径流量和年输沙量分别为 1693 亿立方米和 484 万吨。与 1956—2020 年多年平均值比较，2022 年洞庭湖入湖总径流量和总输沙量分别偏小 22% 和 95%；与近 10 年平均值比较，2022 年入湖总径流量和总输沙量分别偏小 13% 和 56%。

2022 年由城陵矶站汇入长江的径流量和输沙量分别为 2289 亿立方米和 1300 万吨，较 1951—2020 年多年平均值分别偏小 19% 和 64%，较近 10 年平均值分别偏小 14% 和 24%。

2. 湖区冲刷量

在不考虑湖区其他进、出湖输沙量及河道采砂的情况下，洞庭湖湖区泥沙淤积量为入湖与出湖输沙量之差。2022 年洞庭湖湖区泥沙冲刷量为 753 万吨，湖区泥沙冲刷比为 138%。

（四）鄱阳湖

1. 进出湖水沙量

鄱阳湖入湖径流量和输沙量分别由五河七口水文站（赣江外洲，抚河李家渡，信江梅港，饶河虎山、渡峰坑，修水方家埠、虹津）和五河六口水文站（外洲，李家渡，梅港，虎山、渡峰坑，万家埠）控制，2022 年鄱阳湖入湖总径流量和总输沙量分别为 1175 亿立方米和 766 万吨；与 1956—2020 年多年平均值比较，2022 年入湖总径流量和总输沙量分别偏小 6% 和 38%；与近 10 年平均值比较，2022 年入湖总径流量偏小 9%，总输沙量偏大 16%。

2022 年由湖口站汇入长江的出湖径流量和输沙量分别为 1430 亿立方米和 503 万

吨，较 1950—2020 年多年平均值分别偏小 6% 和 50%，较近 10 年平均值分别偏小 10% 和 31%。

2. 湖区淤积量

在不考虑湖区其他进、出湖输沙量及河道采砂的情况下，鄱阳湖湖区泥沙淤积量为入湖与出湖输沙量之差。2022 年鄱阳湖湖区泥沙淤积量为 263 万吨，湖区泥沙淤积比为 34%。

五、重要泥沙事件

长江流域特殊水情对水沙输移产生影响

2022 年夏季，长江流域遭遇自 1961 年有完整气象观测记录以来最严重的气象干旱，长江流域汛期发生流域性严重枯水，长江中下游干流 8 月、9 月枯水频率达百年一遇，各控制站最低水位均为有历史记录以来同期最低。

2022 年长江上游三峡水库入库径流量、输沙量均较往年明显偏少，尤其入库悬移质输沙量为历史最低。2022 年三峡入库径流量为 3147 亿立方米，较多年平均值和 2003—2021 年平均值分别偏小 17% 和 16%；三峡入库悬移质年输沙量为 0.136 亿吨，较多年平均值和 2003—2021 年平均值分别偏小 96% 和 91%，为历史最小值。

2022 年长江中下游干流河道径流量显著减少，各水文控制站年输沙量为历史最小值。宜昌、汉口、大通站年径流量分别为 3623 亿立方米、6009 亿立方米和 7712 亿立方米，较 2003—2021 年平均值分别偏小 14%、14% 和 13%，为三峡水库蓄水运用以来第三枯年径流量，仅次于 2006 年和 2011 年；年输沙量分别为 0.028 亿吨、0.363 亿吨和 0.665 亿吨，较 2003—2021 年平均值分别减小 92%、62% 和 50%，坝下游干流各水文控制站年输沙量均为历史最小值。

受特殊水情影响，2022 年长江干流崩岸较往年明显偏少，全年长江干流及主要支流共发生河道崩岸 14 处，崩岸长度为 5668 米。其中，长江中下游干流崩岸 3 处，长度为 1440 米；主要支流崩岸 11 处，长度为 4228 米。

黄河下游河段（于澜　摄）

第二章　黄河

一、概述

2022 年黄河干流主要水文控制站实测径流量与多年平均值比较，兰州站基本持平，其他站偏小 10%~27%；与近 10 年平均值比较，花园口、高村和艾山各站年径流量基本持平，利津站偏大 10%，其他站偏小 8%~23%；与上年度比较，各站年径流量减小 15%~41%。2022 年黄河干流主要水文控制站实测输沙量与多年平均值比较，各站偏小 38%~80%；与近 10 年平均值比较，花园口站年输沙量基本持平，兰州、龙门和潼关各站偏大 11%~22%，其他站偏小 10%~52%；与上年度比较，兰州、龙门、潼关和小浪底各站年输沙量增大 19%~326%，其他站减小 12%~49%。

2022 年黄河主要支流水文控制站实测径流量与多年平均值比较，汾河河津站和沁河武陟站分别偏大 49% 和 19%，延河甘谷驿站基本持平，其他站偏小 14%~52%；与近 10 年平均值比较，无定河白家川、泾河张家山和北洛河洑头各站年径流量基本持平，皇甫川皇甫、甘谷驿、河津和武陟各站偏大 14%~149%，其他站偏小 7%~36%；与上年度比较，皇甫、窟野河温家川和白家川各站年径流量增大 30% 以上，其他站减小 11%~72%。2022 年黄河主要支流水文控制站实测输沙量与多年平均值比较，各站偏小 39%~100%；与近 10 年平均值比较，甘谷驿站和温家川站年输沙量基本持平，洑头、河津、黑石关和武陟各站偏小 33%~100%，其他站偏大 27%~106%；与上年度比较，洑头站和河津站年输沙量分别减小 50% 和 78%，黑石关站和武陟站 2022 年输沙量分别为 0 和 0.000 亿吨，其他站增大 57% 以上。

2022 年度内蒙古河段石嘴山站、巴彦高勒站和三湖河口站断面表现为淤积，头道拐站断面表现为冲刷；黄河下游河道淤积量为 0.230 亿立方米，引水量和引沙量分别为 82.98 亿立方米和 2030 万吨。2022 年度三门峡水库淤积量为 0.897 亿立方米，小浪底水库库区淤积量为 1.241 亿立方米。

2022 年重要泥沙事件为黄河中游通过水库联合调度实施汛前和汛期调水调沙。

二、径流量与输沙量

（一）2022 年实测水沙特征值

1. 黄河干流

2022 年黄河干流主要水文控制站实测水沙特征值与多年平均值、近 10 年平均值及 2021 年值的比较见表 2-1 和图 2-1。

表 2-1　黄河干流主要水文控制站实测水沙特征值对比

水文控制站		唐乃亥	兰 州	头道拐	龙 门	潼 关	小浪底	花园口	高 村	艾 山	利 津
控制流域面积 （万平方公里）		12.20	22.26	36.79	49.76	68.22	69.42	73.00	73.41	74.91	75.19
年径流量 （亿立方米）	多年平均	204.0	314.4	216.6	258.7	335.3	338.6	369.8	330.6	327.8	288.6
		(1950—2020年)	(1950—2020年)	(1950—2020年)	(1950—2020年)	(1952—2020年)	(1952—2020年)	(1950—2020年)	(1952—2020年)	(1952—2020年)	(1952—2020年)
	近 10 年平均	218.3	347.5	220.9	240.4	305.8	324.1	340.3	311.4	288.2	236.4
	2021 年	222.9	353.1	222.1	237.2	395.1	421.2	509.7	483.4	480.4	441.1
	2022 年	170.9	301.9	170.2	188.8	263.8	298.7	321.7	296.4	292.3	260.9
年输沙量 （亿吨）	多年平均	0.120	0.610	0.987	6.33	9.21	8.44	7.92	7.10	6.86	6.38
		(1956—2020年)	(1950—2020年)	(1950—2020年)	(1950—2020年)	(1952—2020年)	(1952—2020年)	(1950—2020年)	(1952—2020年)	(1952—2020年)	(1952—2020年)
	近 10 年平均	0.107	0.222	0.616	1.40	1.82	3.59	1.50	1.78	1.76	1.50
	2021 年	0.096	0.058	0.461	0.763	1.71	0.785	1.77	2.68	2.67	2.43
	2022 年	0.075	0.247	0.296	1.71	2.03	1.89	1.55	1.60	1.51	1.25
年平均含沙量 （千克/立方米）	多年平均	0.589	1.94	4.55	24.5	27.5	24.9	21.4	21.5	20.9	22.1
		(1956—2020年)	(1950—2020年)	(1950—2020年)	(1950—2020年)	(1952—2020年)	(1952—2020年)	(1950—2020年)	(1952—2020年)	(1952—2020年)	(1952—2020年)
	近 10 年平均	0.490	0.638	2.79	5.82	5.96	11.1	4.42	5.71	6.12	6.36
	2021 年	0.432	0.163	2.08	3.22	4.33	1.86	3.47	5.54	5.56	5.51
	2022 年	0.440	0.818	1.74	9.06	7.70	6.33	4.82	5.40	5.17	4.79
年平均中数粒径 （毫米）	多年平均	0.016	0.015	0.017	0.026	0.021	0.018	0.019	0.021	0.022	0.019
		(1984—2020年)	(1957—2020年)	(1958—2020年)	(1956—2020年)	(1961—2020年)	(1961—2020年)	(1961—2020年)	(1954—2020年)	(1962—2020年)	
	近 10 年平均	0.012	0.013	0.026	0.020	0.014	0.013	0.023	0.027	0.029	0.019
	2021 年	0.011	0.009	0.028	0.020	0.015	0.017	0.026	0.035	0.040	0.025
	2022 年	0.011	0.008	0.017	0.015	0.012	0.017	0.014	0.015	0.018	0.013
输沙模数 [吨/(年·平方公里)]	多年平均	98.5	274	268	1270	1350	1220	1080	968	915	848
		(1956—2020年)	(1950—2020年)	(1950—2020年)	(1950—2020年)	(1952—2020年)	(1952—2020年)	(1950—2020年)	(1952—2020年)	(1952—2020年)	(1952—2020年)
	近 10 年平均	87.6	99.7	167	281	267	517	206	242	236	200
	2021 年	78.9	25.8	125	153	251	113	243	365	356	323
	2022 年	61.6	111	80.5	344	298	272	212	218	202	166

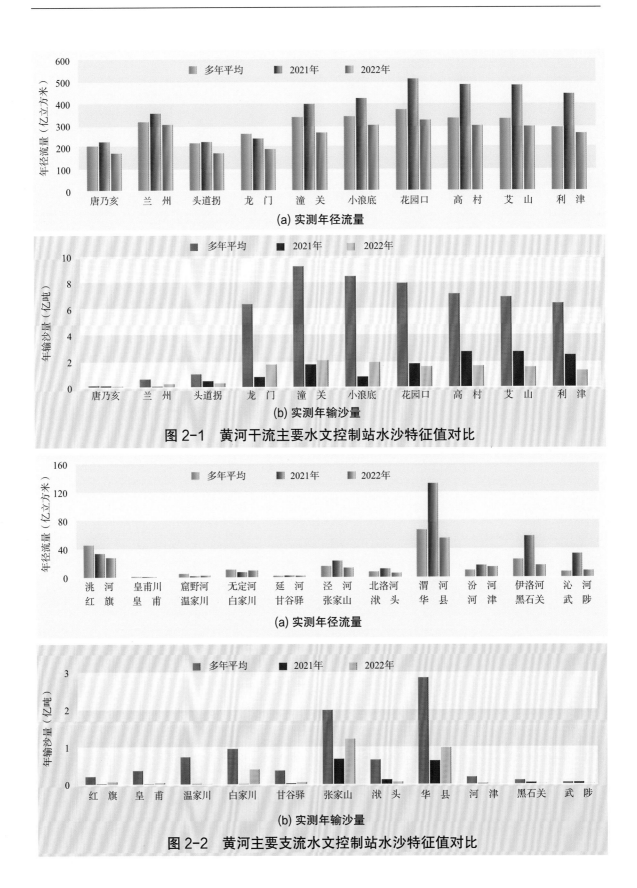

(a) 实测年径流量

(b) 实测年输沙量

图 2-1 黄河干流主要水文控制站水沙特征值对比

(a) 实测年径流量

(b) 实测年输沙量

图 2-2 黄河主要支流水文控制站水沙特征值对比

2022 年黄河干流主要水文控制站实测径流量与多年平均值比较，兰州站基本持平，唐乃亥、头道拐、龙门、潼关、小浪底、花园口、高村、艾山和利津各站分别偏小 16%、21%、27%、21%、12%、13%、10%、11% 和 10%；与近 10 年平均值比较，花园口、高村和艾山各站年径流量基本持平，利津站偏大 10%，唐乃亥、兰州、头道拐、龙门、潼关和小浪底各站分别偏小 22%、13%、23%、21%、14% 和 8%；与上年度比较，唐乃亥、兰州、头道拐、龙门、潼关、小浪底、花园口、高村、艾山和利津各站年径流量分别减小 23%、15%、23%、20%、33%、29%、37%、39%、39% 和 41%。

2022 年黄河干流主要水文控制站实测输沙量与多年平均值比较，唐乃亥、兰州、头道拐、龙门、潼关、小浪底、花园口、高村、艾山和利津各站分别偏小 38%、60%、70%、73%、78%、78%、80%、77%、78% 和 80%；与近 10 年平均值比较，花园口站年输沙量基本持平，兰州、龙门和潼关各站分别偏大 11%、22% 和 12%，唐乃亥、头道拐、小浪底、高村、艾山和利津各站分别偏小 30%、52%、47%、10%、14% 和 17%；与上年度比较，兰州、龙门、潼关和小浪底各站年输沙量分别增大 326%、124%、19% 和 141%，唐乃亥、头道拐、花园口、高村、艾山和利津各站分别减小 22%、36%、12%、40%、43% 和 49%。

2. 黄河主要支流

2022 年黄河主要支流水文控制站实测水沙特征值与多年平均值、近 10 年平均值及 2021 年值的比较见表 2-2 和图 2-2。

2022 年黄河主要支流水文控制站实测径流量与多年平均值比较，汾河河津站和沁河武陟站分别偏大 49% 和 19%，延河甘谷驿站基本持平，洮河红旗、皇甫川皇甫、窟野河温家川、无定河白家川、泾河张家山、北洛河洑头、渭河华县和伊洛河黑石关各站分别偏小 39%、46%、52%、14%、15%、25%、18% 和 34%；与近 10 年平均值比较，白家川、张家山和洑头各站年径流量基本持平，皇甫、甘谷驿、河津和武陟各站分别偏大 149%、14%、56% 和 34%，红旗、温家川、华县和黑石关各站分别偏小 36%、20%、14% 和 7%；与上年度比较，皇甫、温家川和白家川各站年径流量分别增大 4076%、42% 和 30%，红旗、甘谷驿、张家山、洑头、华县、河津、黑石关和武陟各站分别偏小 17%、11%、43%、51%、58%、14%、71% 和 72%。

2022 年黄河主要支流水文控制站实测输沙量与多年平均值相比，红旗、皇甫、温家川、白家川、甘谷驿、张家山、洑头、华县、河津、黑石关和武陟各站分别偏小 70%、90%、99%、59%、87%、39%、91%、66%、99%、100% 和 100%；与近 10 年平均值比较，甘谷驿站和温家川站年输沙量基本持平，洑头、河津、黑石关和武陟各站分别偏小 41%、33%、100% 和 100%，红旗、皇甫、白家川、张家山和华县各站分别偏大 27%、106%、79%、91% 和 51%；与上年度比较，洑头站和河津站年输沙量分别减小 50% 和 78%，温家川站 2021 年和 2022 年输沙量分别为 0.000 亿吨和 0.005

表 2-2　黄河主要支流水文控制站实测水沙特征值对比

河流		洮河	皇甫川	窟野河	无定河	延河	泾河	北洛河	渭河	汾河	伊洛河	沁河
水文控制站		红旗	皇甫	温家川	白家川	甘谷驿	张家山	洑头	华县	河津	黑石关	武陟
控制流域面积（万平方公里）		2.50	0.32	0.85	2.97	0.59	4.32	2.56	10.56	3.87	1.86	1.29
年径流量（亿立方米）	多年平均	45.41 (1954—2020年)	1.180 (1954—2020年)	5.098 (1954—2020年)	10.87 (1956—2020年)	1.971 (1952—2020年)	15.55 (1950—2020年)	7.678 (1950—2020年)	66.88 (1950—2020年)	9.691 (1950—2020年)	24.95 (1950—2020年)	7.670 (1950—2020年)
	近10年平均	43.05	0.2567	3.050	8.929	1.792	13.44	6.029	64.08	9.258	17.69	6.832
	2021年	33.55	0.0153	1.704	7.213	2.287	23.05	11.90	132.0	16.65	57.88	32.89
	2022年	27.69	0.639	2.428	9.400	2.038	13.16	5.781	54.99	14.40	16.54	9.148
年输沙量（亿吨）	多年平均	0.203 (1954—2020年)	0.360 (1954—2020年)	0.724 (1954—2020年)	0.947 (1956—2020年)	0.361 (1952—2020年)	1.98 (1950—2020年)	0.647 (1950—2020年)	2.85 (1950—2020年)	0.186 (1950—2020年)	0.101 (1950—2020年)	0.041 (1950—2020年)
	近10年平均	0.048	0.017	0.005	0.218	0.046	0.633	0.098	0.648	0.003	0.004	0.005
	2021年	0.008	0.001	0.000	0.002	0.017	0.670	0.117	0.622	0.009	0.036	0.042
	2022年	0.061	0.035	0.005	0.390	0.048	1.21	0.058	0.976	0.002	0	0.000
年平均含沙量（千克/立方米）	多年平均	4.48 (1954—2020年)	305 (1954—2020年)	142 (1954—2020年)	87.1 (1956—2020年)	183 (1952—2020年)	127 (1950—2020年)	84.3 (1956—2020年)	42.7 (1950—2020年)	19.1 (1950—2020年)	4.05 (1950—2020年)	5.33 (1950—2020年)
	近10年平均	1.11	65.0	1.66	24.5	25.9	47.1	16.2	10.1	0.298	0.216	0.774
	2021年	0.224	62.1	0.010	0.284	7.61	29.1	9.83	4.71	0.532	0.625	1.27
	2022年	2.20	54.6	2.21	41.5	23.7	91.9	10.0	17.8	0.172	0	0.005
年平均中数粒径（毫米）	多年平均		0.039 (1957—2020年)	0.045 (1958—2020年)	0.030 (1962—2020年)	0.026 (1963—2020年)	0.024 (1964—2020年)	0.025 (1963—2020年)	0.017 (1956—2020年)	0.016 (1956—2020年)	0.009 (1956—2020年)	
	近10年平均		0.015	0.013	0.022	0.016	0.013	0.007	0.013	0.010	0.004	
	2021年		0.016	0.007	0.015	0.015	0.013	0.013	0.011	0.005	0.012	
	2022年		0.013	0.010	0.025	0.018	0.020		0.016	0.008		
输沙模数[吨/(年·平方公里)]	多年平均	815 (1954—2020年)	11300 (1954—2020年)	8500 (1954—2020年)	3190 (1956—2020年)	6130 (1952—2020年)	4580 (1950—2020年)	2520 (1956—2020年)	2680 (1950—2020年)	479 (1950—2020年)	544 (1950—2020年)	317 (1950—2020年)
	近10年平均	191	525	60.0	735	787	1460	381	609	7.12	20.5	41.0
	2021年	30.1	29.7	0.201	6.90	295	1550	456	584	22.9	195	324
	2022年	244	1090	63.2	1310	817	2800	227	916	6.38	0	0.334

注　2022年华县站的位置发生了变化，控制流域面积由10.65万平方公里变成10.56万平方公里。

亿吨，武陟站和黑石关站 2022 年输沙量分别为 0 和 0.000 亿吨，红旗、皇甫、白家川、甘谷驿、张家山和华县各站分别增大 663%、3400%、19400%、182%、81% 和 57%。

（二）径流量与输沙量年内变化

2022 年黄河干流主要水文控制站逐月实测径流量与输沙量变化见图 2-3。2022 年黄河干流唐乃亥、头道拐、龙门、潼关、花园口和利津各站径流量与输沙量主要集中在 7—10 月，分别占全年的 34%~51% 和 70%~96%，其中唐乃亥、头道拐、龙门、潼关各站月径流量分布相对均匀。

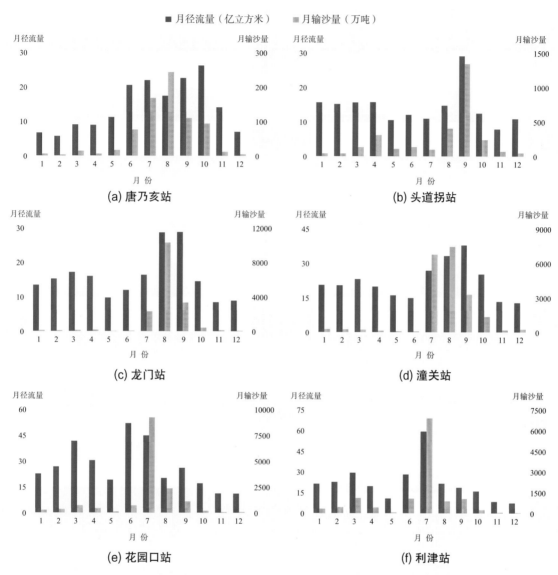

图 2-3　2022 年黄河干流主要水文控制站逐月实测径流量与输沙量变化

（三）洪水泥沙

2022 年汛期，黄河干流未出现编号洪水，但受 7 月 14—15 日强降雨影响，黄河支流泾渭河出现明显洪水过程，渭河临潼站流量于 7 月 16 日达 3210 立方米／秒，形成渭河 2022 年第 1 号洪水。马莲河庆阳、泾河景村和渭河临潼各站洪峰流量分别为 5100 立方米／秒、4460 立方米／秒和 3300 立方米／秒，最大含沙量分别为 661 千克／立方米、656 千克／立方米和 547 千克／立方米。2022 年黄河流域支流洪水泥沙特征值见表 2-3。

表 2-3 2022 年黄河流域支流洪水泥沙特征值

河流	洪水编号	支流	水文控制站	洪水起止时间（月.日 时:分）	洪水径流量（亿立方米）	洪水输沙量（万吨）	洪峰流量		最大含沙量	
							流量（立方米/秒）	发生时间（月.日 时:分）	含沙量（千克/立方米）	发生时间（月.日 时:分）
泾渭河	1	马莲河	庆阳	7.14 8:00—7.17 14:00	1.132	6841	5100	7.15 11:00	661	7.15 12:00
	2	泾河	景村	7.15 0:00—7.18 6:00	1.500	6845	4460	7.16 1:20	656	7.15 20:18
	3	渭河	临潼	7.15 20:00—7.19 2:00	2.972	7628	3300	7.16 21:00	547	7.16 22:00

三、重点河段冲淤变化

（一）内蒙古河段典型断面冲淤变化

黄河内蒙古河段石嘴山、巴彦高勒、三湖河口和头道拐各水文站断面的冲淤变化见图 2-4。

石嘴山站断面 2022 年汛后与 1992 年同期相比 [图 2-4(a)]，高程 1091.50 米（汛期历史最高水位以上 0.61 米）以下断面面积减小约 59 平方米（起点距 143~426 米），主槽左淤右冲。2022 年汛后与 2021 年同期相比，高程 1091.50 米以下断面面积减小约 100 平方米，主槽淤积，深泓点抬高。

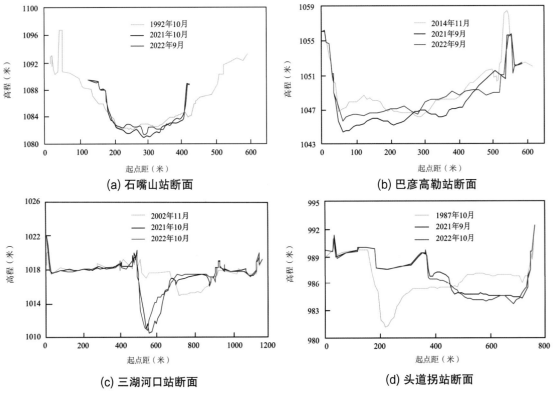

(a) 石嘴山站断面

(b) 巴彦高勒站断面

(c) 三湖河口站断面

(d) 头道拐站断面

图 2-4 黄河内蒙古河段典型断面冲淤变化

巴彦高勒站断面 2022 年汛后与 2014 年同期相比 [图 2-4(b)]，高程 1055.00 米（汛期历史最高水位以上 0.78 米）以下断面面积增大约 258 平方米，断面两侧冲刷，中部淤积。2022 年汛后与 2021 年同期相比，高程 1055.00 米以下断面面积减小约 464 平方米，断面整体淤积。

三湖河口站断面 2022 年汛后与 2002 年同期相比 [图 2-4(c)]，高程 1019.50 米（汛期历史最高水位以上 0.31 米）以下断面面积增大约 498 平方米，断面冲刷，河道主槽深泓点左移且降低。2022 年汛后与 2021 年同期相比，高程 1019.50 米以下断面面积减小约 99 平方米，河道主槽左冲右淤，深泓点抬高。

头道拐站断面 2022 年汛后与 1987 年同期相比 [图 2-4(d)]，高程 992.00 米（汛期历史最高水位以上 0.50 米）以下断面面积减小约 307 平方米，断面淤积，主槽摆向右岸，断面变为宽浅，深泓点抬高。2022 年汛后与 2021 年同期相比，高程 992.00 米以下断面面积增大约 144 平方米，主槽冲刷，深泓点略有降低。

（二）黄河下游河段

1. 河段冲淤量

2021 年 11 月至 2022 年 10 月，黄河下游河道总淤积量为 0.230 亿立方米，其中，夹河滩至高村河段表现为略有冲刷，冲刷量为 0.059 亿立方米，其他河段表现为淤积，淤积量为 0.289 亿立方米。各河段冲淤量见表 2-4。

表 2-4 2022 年度黄河下游各河段冲淤量

河 段	西霞院—花园口	花园口—夹河滩	夹河滩—高 村	高 村—孙 口	孙 口—艾 山	艾 山—泺 口	泺 口—利 津	合 计
河段长度（公里）	112.8	100.8	72.6	118.2	63.9	101.8	167.8	737.9
冲淤量（亿立方米）	+0.048	+0.002	−0.059	+0.055	+0.018	+0.093	+0.073	+0.230

注 "+"表示淤积，"−"表示冲刷。

2. 典型断面冲淤变化

黄河下游河道典型断面冲淤变化见图 2-5。与 2021 年 11 月相比，2022 年 10 月丁庄断面和泺口断面主槽表现为淤积，花园口断面和孙口断面主槽表现为冲刷。

3. 引水引沙

根据黄河下游 97 处引水口引水监测和 83 处引水口引沙监测统计，2022 年黄河下游实测引水量为 82.98 亿立方米，实测引沙量为 2030 万吨。其中，西霞院—高村河段引水量和引沙量分别为 29.36 亿立方米和 646.2 万吨，高村—艾山河段引水量和引沙量分别为 14.45 亿立方米和 414 万吨，艾山—利津河段引水量和引沙量分别为 34.82 亿立方米和 917 万吨。各河段实测引水量与引沙量见表 2-5。

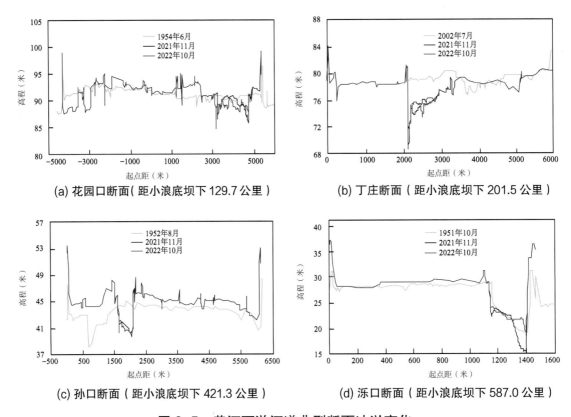

(a) 花园口断面（距小浪底坝下 129.7 公里）

(b) 丁庄断面（距小浪底坝下 201.5 公里）

(c) 孙口断面（距小浪底坝下 421.3 公里）

(d) 泺口断面（距小浪底坝下 587.0 公里）

图 2-5　黄河下游河道典型断面冲淤变化

表 2-5　2022 年黄河下游各河段实测引水量与引沙量

河　段	西霞院— 花园口	花园口— 夹河滩	夹河滩— 高村	高村— 孙口	孙口— 艾山	艾山— 泺口	泺口— 利津	利津 以下	合计
引水量（亿立方米）	4.150	10.56	14.65	7.220	7.230	12.87	21.95	4.350	82.98
引沙量（万吨）	18.2	219	409	169	245	382	535	50.2	2030

四、重要水库冲淤变化

（一）三门峡水库

1. 水库冲淤量

2021 年 11 月至 2022 年 10 月，三门峡水库库区表现为淤积，总淤积量为 0.897 亿立方米。其中，黄河干流三门峡—潼关河段淤积量为 0.445 亿立方米，小北干流河段淤积量为 0.276 亿立方米；支流渭河淤积量为 0.186 亿立方米，北洛河冲刷量为 0.010 亿立方米。三门峡水库库区 2022 年度及多年累积冲淤量分布见表 2-6。

表 2-6　三门峡水库库区 2022 年度及多年累积冲淤量分布

单位：亿立方米

库　段 ＼ 时　段	1960 年 5 月至 2021 年 11 月	2021 年 11 月至 2022 年 10 月	1960 年 5 月至 2022 年 10 月
黄淤 1—黄淤 41	+27.035	+0.445	+27.480
黄淤 41—黄淤 68	+21.420	+0.276	+21.696
渭拦 4—渭淤 37	+10.687	+0.186	+10.873
洛淤 1—洛淤 21	+2.913	−0.010	+2.903
合　计	+62.055	+0.897	+62.952

注　1. "+"表示淤积，"−"表示冲刷。

2. 黄淤 41 断面即潼关断面，位于黄河、渭河交汇点下游，也是黄河由北向南转而东流之处；黄淤 1—黄淤 41 即黄河三门峡—潼关河段，黄淤 41—黄淤 68 断面即黄河小北干流河段；渭河冲淤断面自下而上分渭拦 11、渭拦 12、渭拦 1—渭拦 10 和渭淤 1—渭淤 37 两段布设，渭河冲淤计算从渭拦 4 开始；北洛河自下而上依次为洛淤 1—洛淤 21。

2. 潼关高程

潼关高程是指潼关水文站流量为 1000 立方米／秒时潼关（六）断面的相应水位。2022 年潼关高程汛前为 326.74 米，汛后为 326.45 米，与上年度同期相比，汛前降低 0.16 米，汛后升高 0.67 米；与 2003 年汛前和 1969 年汛后历史同期最高高程相比，汛前和汛后分别降低 0.86 米和 0.98 米。

（二）小浪底水库

小浪底水库库区汇入支流较多，平面形态狭长弯曲，总体上是上窄下宽。距坝 65 公里以上为峡谷段，河谷宽度多在 500 米以下；距坝 65 公里以下宽窄相间，河谷宽度多在 1000 米以上，最宽处约为 2800 米。

2022 年小浪底水库水位（桐树岭站）变化主要集中在 6 月下旬至 10 月中旬。1 月至 6 月中旬日平均库水位维持在 253.4~269.2 米，6 月下旬水位逐渐降低，7 月 4—14 日库水位维持在 217.1~219.9 米，7 月下旬为应对上游来水，小浪底水库有一次调度过程，7 月 24 日后水位逐渐抬升，12 月 31 日蓄水至 254.3 米。2022 年小浪底水库瞬时最低库水位发生在 7 月 4 日 22 时，为 215.01 米；瞬时最高库水位发生在 2 月 11 日 8 时，为 269.21 米。

1. 水库冲淤量

2021 年 11 月至 2022 年 10 月，小浪底水库库区淤积量为 1.241 亿立方米，其中干流淤积量为 0.684 亿立方米，除黄河 4 断面至黄河 6 断面表现为冲刷外，大坝至黄河 40 断面之间表现为淤积，黄河 40 断面至黄河 54 断面之间表现为冲刷；支流淤积量为 0.557 亿立方米，淤积主要发生在黄河 6 断面下游的左岸支流以及黄河 12 断面下游的右岸支流，其中大峪河、畛水淤积量较大。小浪底水库库区 2022 年度及多年累积冲淤量分布见表 2-7。

表 2-7　小浪底水库库区 2022 年度及多年累积冲淤量分布

单位：亿立方米

时　段 库　段	1997 年 10 月至 2021 年 11 月	2021 年 11 月至 2022 年 10 月			1997 年 10 月至 2022 年 10 月	
		干　流	支　流	合　计	总　计	淤积量比
大坝—黄河 20	+20.660	+0.665	+0.494	+1.159	+21.819	63%
黄河 20—黄河 38	+10.907	+0.443	+0.063	+0.506	+11.413	33%
黄河 38—黄河 56	+1.905	−0.424	+0.000	−0.424	+1.481	4%
合　计	+33.472	+0.684	+0.557	+1.241	+34.713	100%

注　"+"表示淤积，"−"表示冲刷。

2. 水库库容变化

2022 年 10 月小浪底水库实测 275 米高程以下库容为 92.872 亿立方米，较 2021 年 11 月库容减小 1.241 亿立方米。小浪底水库库容曲线见图 2-6。

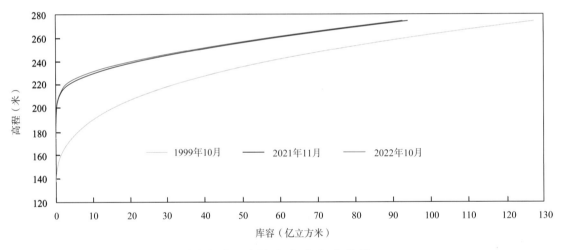

图 2-6　小浪底水库库容曲线

3. 水库纵剖面和典型断面冲淤变化

小浪底水库深泓纵剖面的变化情况见图 2-7。2022 年 10 月小浪底水库淤积三角洲顶点发生位移，从黄河 6 断面移至黄河 9 断面，顶点高程为 219.25 米。黄河 5 断面、黄河 6 断面深泓点高程显著降低，其中黄河 5 断面深泓点高程降低 9.09 米。黄河 9 断面至黄河 34 断面深泓点高程抬高，黄河 40 断面至黄河 53 断面间除黄河 51 断面外，其他断面深泓点高程均降低，其中黄河 49 断面深泓点高程降低幅度最大，达 12.95 米。

根据 2022 年小浪底水库纵剖面和平面宽度的变化特点，选择黄河 5、黄河 23、黄河 39 和黄河 47 等 4 个典型断面说明库区冲淤变化情况，见图 2-8。与 2021 年 11 月相比，2022 年 10 月黄河 5 断面和黄河 47 断面冲刷，黄河 23 断面和黄河 39 断面略有淤积。

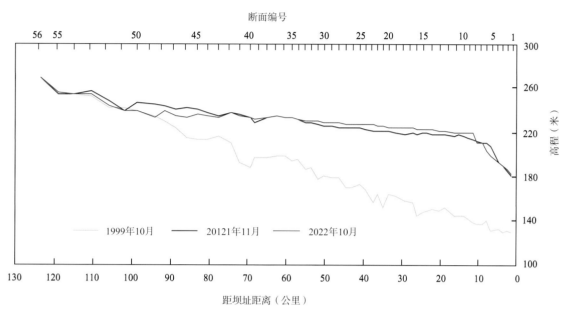

图 2-7 小浪底水库深泓纵剖面变化

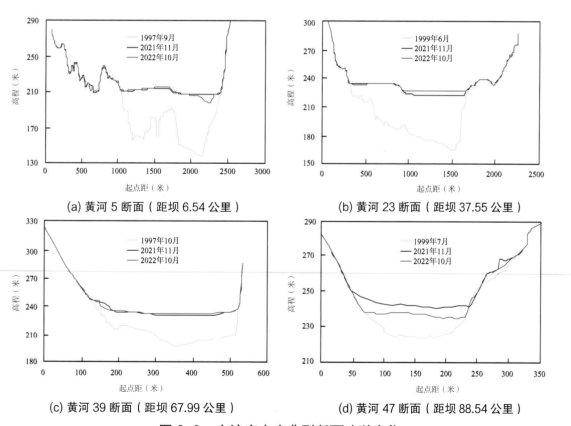

(a) 黄河 5 断面（距坝 6.54 公里）

(b) 黄河 23 断面（距坝 37.55 公里）

(c) 黄河 39 断面（距坝 67.99 公里）

(d) 黄河 47 断面（距坝 88.54 公里）

图 2-8 小浪底水库典型断面冲淤变化

4. 水库库区典型支流入汇河段冲淤变化

以大峪河和畛水作为小浪底库区典型支流。大峪河在大坝上游 4.2 公里的黄河左岸汇入黄河；畛水在大坝上游 17.2 公里的黄河右岸汇入黄河，是小浪底库区最大的一条支流。从图 2-9 可以看出，随着干流河底的不断淤积，大峪河 1 断面（距河口距离 0.12 公里）1999 年 10 月至 2022 年 10 月已淤积抬高 55.78 米，2021 年 11 月至 2022 年 10 月，大峪河 1 断面深泓点抬升 2.04 米。畛水 1 断面（距河口距离 0.2 公里）1999 年 10 月至 2022 年 10 月已淤积抬高 69.1 米，2021 年 11 月至 2022 年 10 月，畛水河口发生淤积，畛水 1 断面深泓点比 2021 年 11 月抬高 3.8 米。

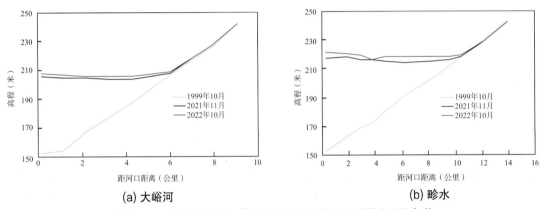

图 2-9 小浪底库区典型支流入汇段深泓纵剖面变化

五、重要泥沙事件

黄河中游通过水库联合调度实施汛前和汛期调水调沙

2022 年 6 月 19 日至 7 月 13 日，黄河中游通过联合调度万家寨、三门峡和小浪底水库，实施了汛前调水调沙。为最大限度增大排沙效果，小浪底水库最低运用水位按照 215 米控制，小浪底水库最大下泄流量为 4400 立方米 / 秒，花园口站在 7 月 6 日达到最大流量 4980 立方米 / 秒。

利用渭河洪水发生过程，2022 年 7 月 17—28 日，通过联合调度三门峡、小浪底水库和东平湖，实施了汛期调水调沙。按花园口站 2600 立方米 / 秒量级 5 天以上控制，小浪底水库最大下泄流量为 2300 立方米 / 秒，花园口站在 7 月 20 日达到最大流量 2940 立方米 / 秒。

按照输沙率法计算，两次调水调沙期间，小浪底水库累计排沙 1.566 亿吨，库区泥沙冲刷量为 0.481 亿吨，进入下游沙量为 1.521 亿吨，利津入海沙量为 0.714 亿吨，向黄河三角洲湿地生态补水 1.66 亿立方米，实现了腾库迎汛、水库排沙、生态补水等既定目标。

沂河马头拦河闸（郭超　摄）

第三章　淮河

一、概述

2022 年淮河流域主要水文控制站实测径流量与多年平均值比较，沂河临沂站偏大 29%，其他站偏小 34%～61%；与近 10 年平均值比较，临沂站年径流量偏大 67%，涡河蒙城站基本持平，其他站偏小 24%～52%；与上年度比较，各站年径流量减小 12%～80%。

2022 年淮河流域主要水文控制站实测输沙量与多年平均值比较，各站偏小 83%～99%；与近 10 年平均值比较，各站年输沙量偏小 40%～96%；与上年度比较，临沂站年输沙量基本持平，其他站减小 22%～100%。

2022 年鲁台子水文站断面基本稳定；蚌埠水文站断面受工程实施影响，发生冲淤变化，主河槽略有淤积；临沂水文站断面受沂河大桥改造影响发生较大变化。

二、径流量与输沙量

（一）2022 年实测水沙特征值

2022 年淮河流域主要水文控制站实测水沙特征值与多年平均值、近 10 年平均值及 2021 年值的比较见表 3-1 和图 3-1。

与多年平均值比较，2022 年淮河干流息县、鲁台子、蚌埠、史河蒋家集、颍河阜阳和涡河蒙城各站实测径流量分别偏小 39%、51%、55%、40%、61% 和 34%，沂河临沂站偏大 29%。与近 10 年平均值比较，2022 年息县、鲁台子、蚌埠、蒋家集和阜阳各站径流量分别偏小 24%、46%、52%、47% 和 36%，临沂站偏大 67%，蒙城站基

表 3-1 淮河流域主要水文控制站实测水沙特征值对比

河 流	淮 河	淮 河	淮 河	史 河	颍 河	涡 河	沂 河
水文控制站	息 县	鲁台子	蚌 埠	蒋家集	阜 阳	蒙 城	临 沂
控制流域面积（万平方公里）	1.02	8.86	12.13	0.59	3.52	1.55	1.03
年径流量（亿立方米）多年平均	35.91 (1951—2020年)	214.1 (1950—2020年)	261.7 (1950—2020年)	20.18 (1951—2020年)	43.01 (1951—2020年)	12.68 (1960—2020年)	20.28 (1951—2020年)
近10年平均	28.60	194.9	243.6	22.86	26.46	8.060	15.70
2021年	38.26	325.4	397.7	37.19	86.82	27.12	29.73
2022年	21.87	104.8	118.0	12.09	16.98	8.409	26.18
年输沙量（万吨）多年平均	191 (1959—2020年)	726 (1950—2020年)	808 (1950—2020年)	54.8 (1958—2020年)	240 (1951—2020年)	12.6 (1982—2020年)	189 (1954—2020年)
近10年平均	59.0	252	328	23.8	39.0	3.57	42.0
2021年	30.2	804	444	18.4	352	10.8	12.7
2022年	23.5	64.1	82.1	4.09	1.37	2.14	13.3
年平均含沙量（千克/立方米）多年平均	0.532 (1959—2020年)	0.339 (1950—2020年)	0.309 (1950—2020年)	0.301 (1958—2020年)	0.558 (1951—2020年)	0.125 (1982—2020年)	0.932 (1954—2020年)
2021年	0.079	0.247	0.112	0.049	0.405	0.040	0.043
2022年	0.107	0.061	0.070	0.034	0.008	0.025	0.051
输沙模数[吨/（年·平方公里）]多年平均	187 (1959—2020年)	81.9 (1950—2020年)	66.6 (1950—2020年)	92.9 (1958—2020年)	68.2 (1951—2020年)	8.13 (1982—2020年)	183 (1954—2020年)
2021年	29.6	90.7	36.6	31.2	100	6.97	12.3
2022年	23.1	7.23	6.77	6.90	0.389	1.38	12.9

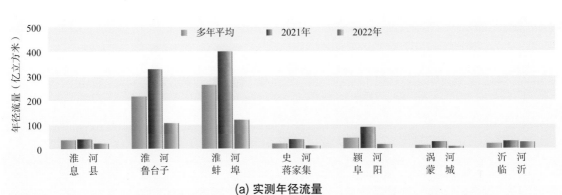

(a) 实测年径流量

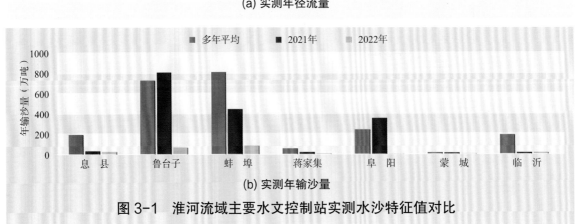

(b) 实测年输沙量

图 3-1 淮河流域主要水文控制站实测水沙特征值对比

本持平。与上年度相比，2022年息县、鲁台子、蚌埠、蒋家集、阜阳、蒙城和临沂各站径流量分别减小43%、68%、70%、67%、80%、69%和12%。

与多年平均值比较，2022年息县、鲁台子、蚌埠、蒋家集、阜阳、蒙城和临沂各站输沙量分别偏小88%、91%、90%、93%、99%、83%和93%；与近10年平均值比较，上述各站年输沙量分别偏小60%、75%、75%、83%、96%、40%和68%。与上年度相比，2022年息县、鲁台子、蚌埠、蒋家集、阜阳和蒙城各站输沙量分别减小22%、92%、82%、78%、近100%和80%，临沂站基本持平。

（二）径流量与输沙量年内变化

2022年淮河流域主要水文控制站逐月径流量与输沙量变化见图3-2。2022年息县、鲁台子、蚌埠、蒋家集、阜阳、蒙城及临沂各站径流量和输沙量主要集中在3—7月，分别占全年60%~77%和87%~100%，各站最大月径流量和输沙量分别占全年的20%~64%和45%~100%。

三、典型断面冲淤变化

（一）鲁台子水文站断面

淮河干流鲁台子水文站断面冲淤变化见图3-3，在2000年退堤整治后，断面右边岸滩大幅拓宽。与2021年相比，2022年断面基本稳定，冲淤变化不大。

（二）蚌埠水文站断面

淮河干流蚌埠水文站断面冲淤变化见图3-4。与2021年相比，2022年断面距左岸155~280米处受河道清淤、滩地改造等工程建设的影响下切约5米，主河槽略有淤积。

（三）临沂水文站断面

沂河临沂水文站断面冲淤变化见图3-5。受临沂市沂河路沂河大桥改造工程影响，2021—2022年临沂水文站断面右岸拓宽64.6米（起点距从1442.0米右延至现在的1506.6米）。主槽较2021年继续左迁100米左右（起点距约710米），左岸与施工前断面大体一致，右岸较施工前断面有抬高。

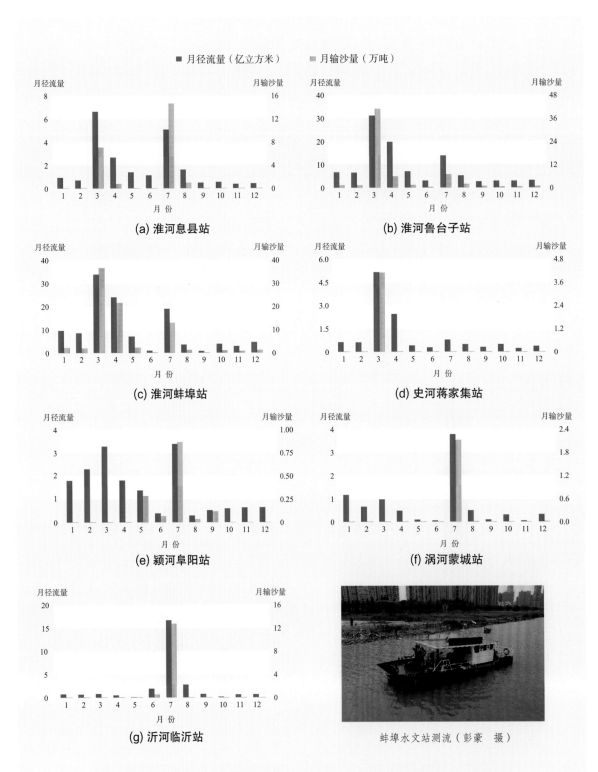

图 3-2　2022 年淮河流域主要水文控制站逐月径流量与输沙量变化

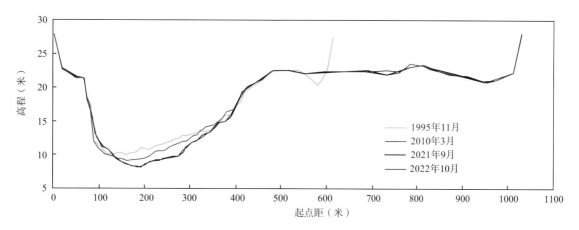

图 3-3 鲁台子水文站断面冲淤变化

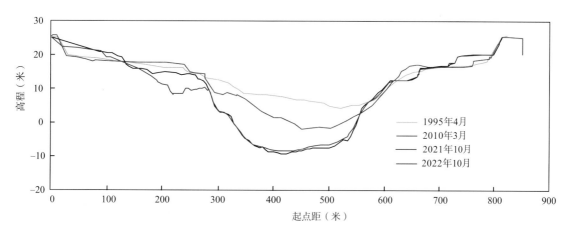

图 3-4 蚌埠水文站断面冲淤变化

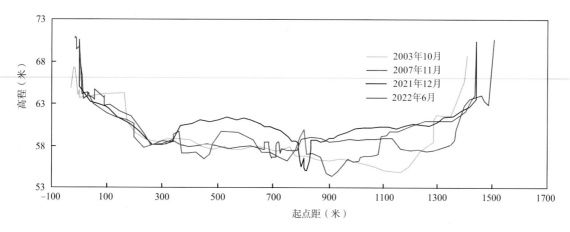

图 3-5 临沂水文站断面冲淤变化

永定河斋堂水库库区（吴昱樨　摄）

第四章　海河

一、概述

2022 年海河流域主要水文控制站实测径流量与多年平均值比较，桑干河石匣里站和永定河雁翅站基本持平，沙河阜平站和卫河元村集站分别偏大 31% 和 58%，其他站偏小 25%~86%；与近 10 年平均值比较，2022 年海河海河闸站径流量基本持平，潮河下会站和白河张家坟站分别偏小 27% 和 38%，其他站偏大 10%~162%；与上年度比较，2022 年洋河响水堡站径流量基本持平，石匣里、雁翅和滹沱河小觉各站增大 25%~206%，其他站减小 34%~82%。

2022 年海河流域主要水文控制站实测输沙量与多年平均值比较，各站偏小 84%~100%；与近 10 年平均值比较，2022 年滦河滦县、小觉和元村集各站输沙量偏大 11%~113%，石匣里、阜平和漳河观台各站偏小 43%~95%，其他站均偏小近 100%，响水堡站近 10 年输沙量近似为 0；与上年度比较，2022 年滦县站和小觉站输沙量分别增大 214% 和 39%，石匣里、阜平和元村集各站减小 52%~89%，其他站均减小近 100%，响水堡站和雁翅站 2021 年和 2022 年输沙量均近似为 0。

2022 年河北省实施引黄入冀调水，入冀水量为 5.919 亿立方米，入冀挟带泥沙量为 30.54 万吨。

2022 年漳河观台水文站断面冲淤变化不大。

2022 年重要泥沙事件为永定河实施生态补水。

二、径流量与输沙量

（一）2022 年实测水沙特征值

2022 年海河流域主要水文控制站实测水沙特征值与多年平均值、近 10 年平均值及 2021 年值的比较见表 4-1 和图 4-1。

与多年平均值比较，2022 年海河流域桑干河石匣里站和永定河雁翅站实测径流量基本持平，沙河阜平站和卫河元村集站分别偏大 31% 和 58%，洋河响水堡、滦河滦县、潮河下会、白河张家坟、海河海河闸、滹沱河小觉和漳河观台各站分别偏小 86%、39%、46%、63%、36%、25% 和 26%；与近 10 年平均值比较，2022 年海河闸站径流量基本持平，石匣里、响水堡、雁翅、滦县、阜平、小觉、观台和元村集各站分别偏大 139%、16%、162%、10%、37%、126%、11% 和 93%，下会站和张家坟站分别偏小 27% 和 38%；与上年度比较，2022 年响水堡站径流量基本持平，石匣里、雁翅和小觉各站分别增大 69%、206% 和 25%，滦县、下会、张家坟、海河闸、阜平、观台和元村集各站分别减小 62%、82%、78%、42%、34%、77% 和 52%。

表 4-1　海河流域主要水文控制站实测水沙特征值对比

河　　　流	桑干河	洋河	永定河	滦　河	潮　河	白　河	海　河	沙　河	滹沱河	漳　河	卫河
水文控制站	石匣里	响水堡	雁　翅	滦　县	下　会	张家坟	海河闸	阜　平	小　觉	观　台	元村集
控制流域面积（万平方公里）	2.36	1.45	4.37	4.41	0.53	0.85		0.22	1.40	1.78	1.43
年径流量（亿立方米）　多年平均	4.009 (1952—2020年)	2.938 (1952—2020年)	5.224 (1963—2020年)	29.12 (1950—2020年)	2.294 (1961—2020年)	4.695 (1954—2020年)	7.598 (1960—2020年)	2.419 (1959—2020年)	5.624 (1956—2020年)	8.197 (1951—2020年)	14.38 (1951—2020年)
近10年平均	1.689	0.3567	1.902	16.14	1.686	2.825	4.674	2.307	1.871	5.453	11.77
2021年	2.398	0.4137	1.629	46.97	6.776	7.948	8.301	4.787	3.376	26.31	46.86
2022年	4.041	0.4151	4.991	17.71	1.239	1.745	4.856	3.171	4.226	6.072	22.66
年输沙量（万吨）　多年平均	776 (1952—2020年)	531 (1952—2020年)	10.1 (1963—2020年)	785 (1950—2020年)	67.8 (1961—2020年)	108 (1954—2020年)	6.02 (1960—2020年)	44.3 (1959—2020年)	578 (1956—2020年)	681 (1951—2020年)	198 (1951—2020年)
近10年平均	5.57	0.000	0.068	4.80	3.03	3.59	0.013	36.2	20.7	125	15.6
2021年	28.5	0.000	0.000	1.70	23.9	21.7	0.131	25.1	31.7	794	65.8
2022年	3.20	0.000	0.000	5.34	0.000	0.000	0.000	4.24	44.0	6.78	31.5
年平均含沙量（千克/立方米）　多年平均	19.4 (1952—2020年)	18.1 (1952—2020年)	0.192 (1963—2020年)	2.70 (1950—2020年)	2.96 (1961—2020年)	2.30 (1954—2020年)	0.079 (1960—2020年)	1.83 (1959—2020年)	10.3 (1956—2020年)	8.31 (1951—2020年)	1.38 (1951—2020年)
2021年	1.19	0.000	0.000	0.004	0.353	0.273	0.002	0.524	0.939	3.02	0.140
2022年	0.079	0.000	0.000	0.030	0.000	0.000	0.000	0.134	1.04	0.111	0.139
年平均中数粒径（毫米）　多年平均	0.029 (1961—2020年)	0.027 (1962—2020年)	0.028 (1961—2020年)					0.031 (1965—2020年)	0.029 (1965—2020年)	0.027 (1965—2020年)	
2021年	0.006							0.013	0.014	0.018	
2022年	0.013							0.008			
输沙模数[吨/(年·平方公里)]　多年平均	329 (1952—2020年)	366 (1952—2020年)	2.30 (1963—2020年)	178 (1950—2020年)	128 (1961—2020年)	127 (1954—2020年)		200 (1959—2020年)	413 (1956—2020年)	383 (1951—2020年)	138 (1951—2020年)
2021年	12.1	0.000	0.000	0.385	45.1	25.5		114	22.6	446	46.0
2022年	1.36	0.000	0.000	1.21	0.000	0.000		19.3	31.4	3.81	22.0

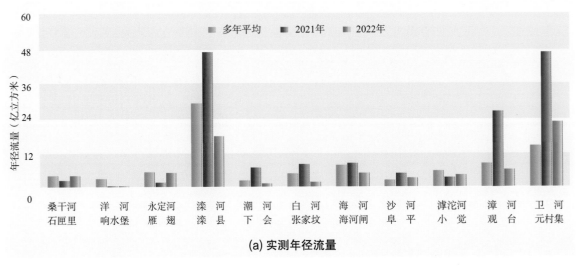

(a) 实测年径流量

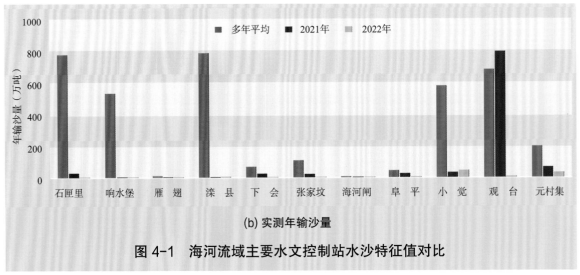

(b) 实测年输沙量

图 4-1 海河流域主要水文控制站水沙特征值对比

与多年平均值比较，2022 年海河流域各站实测输沙量均偏小，石匣里、响水堡、雁翅、滦县、下会、张家坟、海河闸和观台各站均偏小近 100%，阜平、小觉和元村集各站分别偏小 90%、92% 和 84%；与近 10 年平均值比较，2022 年滦县、小觉和元村集各站输沙量分别偏大 11%、113% 和 102%，雁翅、下会、张家坟和海河闸各站均偏小近 100%，石匣里、阜平和观台各站分别偏小 43%、88% 和 95%，响水堡站近 10 年输沙量近似为 0；与上年度比较，2022 年滦县站和小觉站输沙量分别增大 214% 和 39%，下会、张家坟、海河闸和观台各站均减小近 100%，石匣里、阜平和元村集各站分别减小 89%、83% 和 52%，响水堡站和雁翅站 2021 年和 2022 年输沙量均近似为 0。

（二）径流量与输沙量年内变化

2022 年海河流域主要水文控制站逐月径流量与输沙量变化见图 4-2。受永定河生态补水、水库调水、秋汛退水等因素的影响，石匣里、响水堡、雁翅、张家坟、下会、观台和元村集各站非汛期径流量所占比例较高且分布较均匀，非汛期1—5月和10—12月径流量占全年的57%~79%；受暴雨洪水影响，石匣里站8月、观台站10月、元村集站7月输沙量占全年的73%~100%；张家坟、下会、雁翅和响水堡各站年输沙量近似为0。滦县、海河闸、阜平和小觉各站6—9月的径流量占全年的64%~85%，除海河闸站年输沙量近似为0，其他站7—8月输沙量占全年的99%~100%。

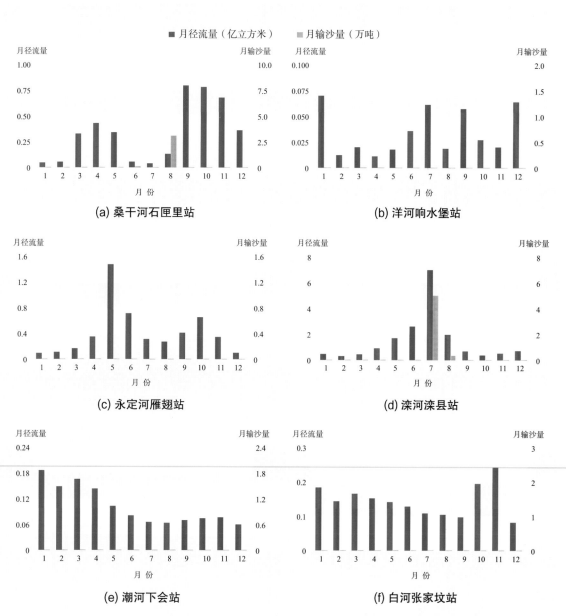

图 4-2（一） 2022年海河流域主要水文控制站逐月径流量与输沙量变化

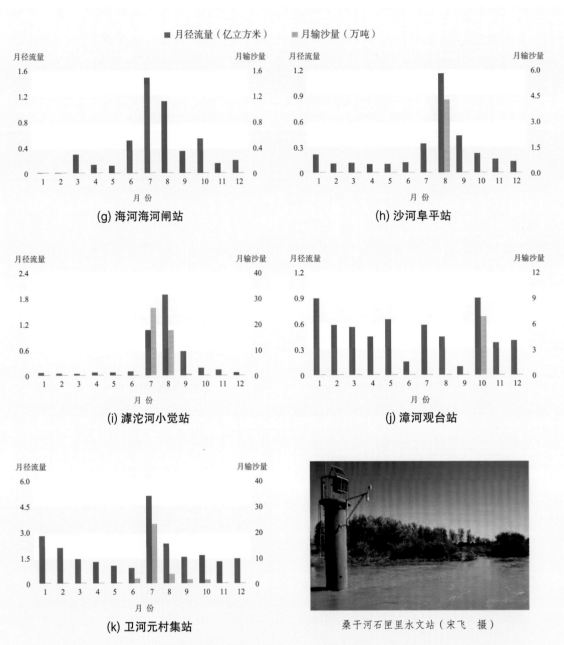

图 4-2（二） 2022 年海河流域主要水文控制站逐月径流量与输沙量变化

（三）引黄入冀调水

2022 年河北省实施引黄入冀补水，引黄入冀总水量为 5.919 亿立方米，挟带泥沙总量为 30.54 万吨。其中，2022 年 6—7 月、9—12 月通过引黄入冀渠村线路向沿线农业供水及白洋淀生态补水，入冀水量为 4.400 亿立方米，入冀泥沙量为 21.4 万吨；6—7 月、9—10 月通过引黄入冀位山线路实施衡水湖及邢台市、衡水市、沧州市农业补水，入冀水量为 0.497 亿立方米，入冀泥沙量为 3.37 万吨；4—5 月、9—10 月通过引黄入冀潘庄线路向衡水市、沧州市实施农业和生态补水，入冀水量为 1.022 亿立方米，入冀泥沙量为 5.77 万吨。

三、典型断面冲淤变化

漳河观台水文站断面冲淤变化见图 4-3（大沽基面）。与 2021 年相比，2022 年观台站断面起点距 15~65 米略有淤积，65~100 米略有冲刷下切，其他部位基本稳定。

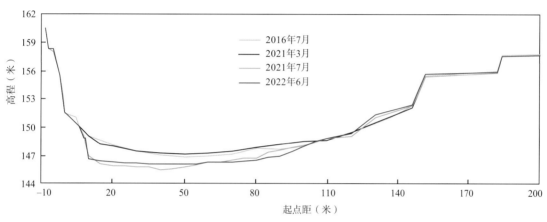

图 4-3　观台水文站断面冲淤变化

四、重要泥沙事件

永定河实施生态补水

自 2019 年以来，水利部组织实施了永定河生态补水工作。自 2021 年永定河 865 公里河道首次全线通水后，2022 年 5 月 12 日，随着天津市境内屈家店枢纽开闸放水，永定河河道实现第二次全线通水，并保持全线通水 123 天。

2022 年，位于官厅水库下游永定河干流的雁翅站年实测径流量为 4.991 亿立方米，为 2000 年以来的最大实测径流量，雁翅站年实测输沙量为 0，受上游水库及闸坝拦沙影响，永定河生态补水量的增大并未加大下游输沙量，永定河输沙量主要由暴雨洪水导致。

珠江三角洲洪湾水道马骝洲水文站（王永勇　摄）

第五章　珠江

一、概述

2022 年珠江流域（含韩江、南渡江）主要水文控制站实测水沙特征值与多年平均值比较，郁江南宁站和浔江大湟江口站年径流量基本持平，南盘江小龙潭、北盘江大渡口、红水河迁江、东江博罗和韩江潮安各站偏小 6%~40%，其他站偏大 7%~50%；柳江柳州、桂江平乐和北江石角各站年输沙量偏大 63%~98%，其他站偏小 35%~96%。与近 10 年平均值比较，2022 年平乐、石角和南渡江龙塘各站径流量偏大 19%~37%，小龙潭站和博罗站分别偏小 16% 和 14%，其他站基本持平；大湟江口站年输沙量基本持平，小龙潭、大渡口、南宁和龙塘各站偏小 23%~63%，其他站偏大 7%~96%。与上年度比较，2022 年各站径流量增大 8%~206%；小龙潭站年输沙量减小 47%，大渡口站基本持平，其他站增大 69% 以上。

石角水文站断面 2000—2013 年持续冲刷下切，之后呈回淤抬升态势；2022 年度较 2021 年度局部淤高。三水水文站断面深泓自 1990 年至 2010 年呈下切趋势，之后趋于稳定；2022 年与 2021 年相比总体变化不大。

2022 年重要泥沙事件为北江发生洪水致使河道水沙量增加。

二、径流量与输沙量

（一）2022 年实测水沙特征值

2022 年珠江流域主要水文控制站实测水沙特征值与多年平均值、近 10 年平均值及 2021 年值的比较见表 5-1 和图 5-1。

2022 年珠江流域主要水文控制站实测径流量与多年平均值比较，柳江柳州、桂江平乐、西江梧州、西江高要、北江石角和南渡江龙塘各站分别偏大 8%、50%、7%、7%、35% 和 27%，郁江南宁站和浔江大湟江口站基本持平，南盘江小龙潭、北盘江大渡口、红水河迁江、东江博罗和韩江潮安各站分别偏小 40%、21%、6%、20% 和 9%；与近 10 年平均值比较，平乐、石角和龙塘各站分别偏大 19%、32% 和 37%，大渡口、迁江、柳州、南宁、大湟江口、梧州、高要和潮安各站基本持平，小龙潭站和博罗站分别偏小 16% 和 14%；与上年度比较，小龙潭、大渡口、迁江、柳州、南宁、大湟江口、平乐、梧州、高要、石角、博罗、潮安和龙塘各站分别增大 32%、8%、35%、17%、62%、43%、78%、58%、64%、143%、139%、206% 和 51%。

2022 年珠江流域主要水文控制站实测输沙量与多年平均值比较，柳州、平乐和石角各站分别偏大 98%、63% 和 74%，小龙潭、大渡口、迁江、南宁、大湟江口、梧州、高要、博罗、潮安和龙塘各站分别偏小 80%、86%、96%、75%、67%、57%、51%、43%、35% 和 59%；与近 10 年平均值比较，迁江、柳州、平乐、梧州、高要、石角、

表 5-1　珠江流域主要水文控制站实测水沙特征值对比

河　　　流	南盘江	北盘江	红水河	柳　江	郁　江	浔　江	桂　江	西　江	西　江	北　江	东　江	韩　江	南渡江
水文控制站	小龙潭	大渡口	迁　江	柳　州	南　宁	大湟江口	平　乐	梧　州	高　要	石　角	博　罗	潮　安	龙　塘
控制流域面积（万平方公里）	1.54	0.85	12.89	4.54	7.27	28.85	1.22	32.70	35.15	3.84	2.53	2.91	0.68
年径流量（亿立方米）多年平均	35.36 (1953—2020年)	35.33 (1963—2020年)	646.9 (1954—2020年)	398.7 (1954—2020年)	368.2 (1954—2020年)	1706 (1954—2020年)	129.4 (1954—2020年)	2028 (1954—2020年)	2186 (1957—2020年)	417.8 (1954—2020年)	232.0 (1954—2020年)	245.5 (1955—2020年)	56.38 (1956—2020年)
年径流量（亿立方米）近10年平均	25.35	29.27	607.0	441.6	356.3	1736	162.3	2086	2246	426.9	216.8	228.5	52.34
年径流量（亿立方米）2021年	16.14	25.99	448.9	370.2	226.7	1204	108.9	1379	1436	232.9	77.73	72.59	47.32
年径流量（亿立方米）2022年	21.29	28.00	607.7	432.3	366.2	1720	193.6	2173	2348	565.1	185.9	222.2	71.59
年输沙量（万吨）多年平均	427 (1964—2020年)	822 (1965—2020年)	3280 (1954—2020年)	570 (1955—2020年)	770 (1954—2020年)	4760 (1954—2020年)	139 (1955—2020年)	5280 (1954—2020年)	5650 (1957—2020年)	525 (1954—2020年)	217 (1954—2020年)	557 (1955—2020年)	33.0 (1956—2020年)
年输沙量（万吨）近10年平均	229	202	108	1060	245	1530	145	1580	1820	467	97.3	198	23.7
年输沙量（万吨）2021年	162	114	20.2	572	57.8	563	31.5	396	474	156	6.96	6.78	8.03
年输沙量（万吨）2022年	85.5	112	129	1130	190	1570	227	2250	2770	915	123	364	13.6
年平均含沙量（千克/立方米）多年平均	1.21 (1964—2020年)	2.34 (1965—2020年)	0.507 (1954—2020年)	0.145 (1955—2020年)	0.209 (1954—2020年)	0.279 (1954—2020年)	0.108 (1955—2020年)	0.260 (1954—2020年)	0.258 (1957—2020年)	0.127 (1954—2020年)	0.094 (1954—2020年)	0.227 (1955—2020年)	0.058 (1956—2020年)
年平均含沙量（千克/立方米）2021年	1.00	0.439	0.004	0.155	0.025	0.047	0.029	0.029	0.033	0.067	0.009	0.009	0.017
年平均含沙量（千克/立方米）2022年	0.402	0.400	0.021	0.261	0.052	0.091	0.117	0.104	0.118	0.162	0.066	0.164	0.019
输沙模数[吨/(年·平方公里)]多年平均	277 (1964—2020年)	970 (1965—2020年)	254 (1954—2020年)	126 (1955—2020年)	106 (1954—2020年)	165 (1954—2020年)	114 (1955—2020年)	161 (1954—2020年)	161 (1957—2020年)	137 (1954—2020年)	85.9 (1954—2020年)	191 (1955—2020年)	48.6 (1956—2020年)
输沙模数[吨/(年·平方公里)]2021年	105	134	1.57	126	7.95	19.5	25.8	12.1	13.5	40.6	2.75	2.33	11.8
输沙模数[吨/(年·平方公里)]2022年	55.5	132	10.0	249	26.1	54.4	186	68.8	78.8	238	48.6	125	20.0

注　大渡口站泥沙 1966 年、1968 年、1970 年、1971 年、1975 年、1984—1986 年缺测或部分月缺测。

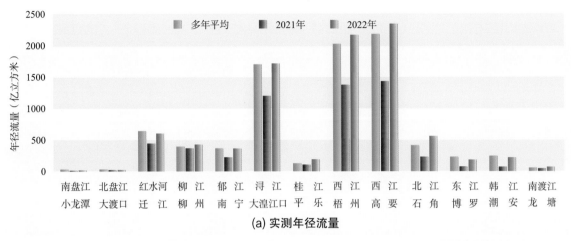

(a) 实测年径流量

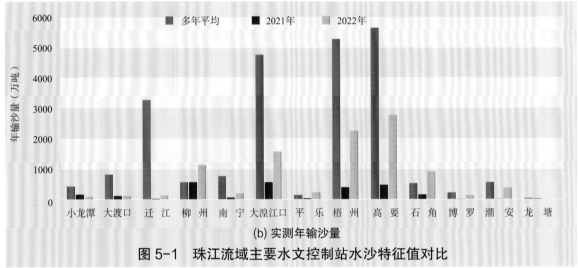

(b) 实测年输沙量

图 5-1 珠江流域主要水文控制站水沙特征值对比

博罗和潮安各站分别偏大 19%、7%、57%、42%、52%、96%、26% 和 84%，大湟江口站基本持平，小龙潭、大渡口、南宁和龙塘各站分别偏小 63%、44%、23% 和 43%；与上年度比较，迁江、柳州、南宁、大湟江口、平乐、梧州、高要、石角、博罗、潮安和龙塘各站分别增大 539%、98%、229%、179%、621%、468%、484%、487%、1667%、5269% 和 69%，大渡口站基本持平，小龙潭站减小 47%。

（二）径流量与输沙量年内变化

2022 年珠江流域主要水文控制站逐月径流量与输沙量变化见图 5-2。珠江流域主要水文控制站径流量与输沙量时空分布不匀，柳州、大湟江口、平乐、梧州、高要、石角、博罗和潮安各站径流量和输沙量主要集中在 2—7 月，分别占全年的 68%～90% 和 95%～100%；小龙潭、大渡口、迁江和南宁各站径流量和输沙量主要集中在 4—9 月，占全年的 68%～77% 和 92%～100%；龙塘站径流量和输沙量主要集中在 6—11 月，分别占全年的 74% 和 88%。

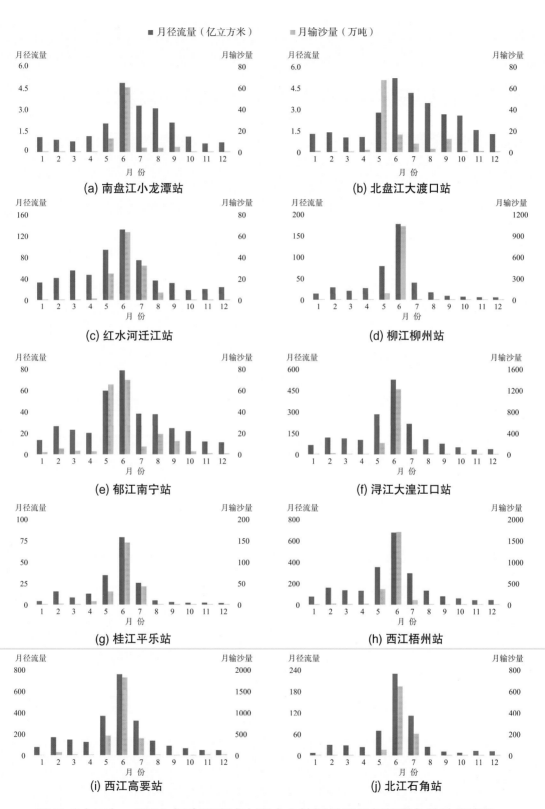

■ 月径流量（亿立方米）　　■ 月输沙量（万吨）

(a) 南盘江小龙潭站　　(b) 北盘江大渡口站

(c) 红水河迁江站　　(d) 柳江柳州站

(e) 郁江南宁站　　(f) 浔江大湟江口站

(g) 桂江平乐站　　(h) 西江梧州站

(i) 西江高要站　　(j) 北江石角站

图 5-2（一）　2022 年珠江流域主要水文控制站逐月径流量与输沙量变化

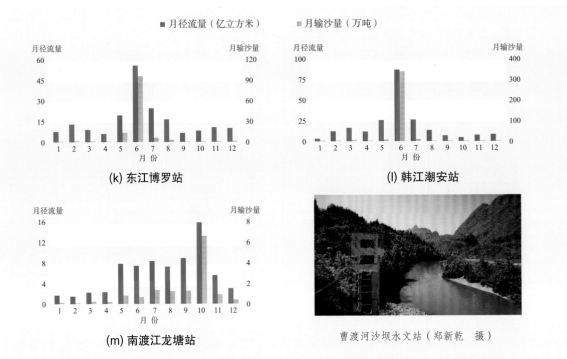

图 5-2（二）　2022 年珠江流域主要水文控制站逐月径流量与输沙量变化

（三）洪水泥沙

珠江流域 2022 年发生 8 次编号洪水，8 次洪水的水沙特征值见表 5-2。西江发生 4 次编号洪水，第 3 号洪水洪峰流量和第 4 号洪水含沙量最大，梧州站对应的洪峰流

表 5-2　2022 年珠江流域洪水泥沙特征值

河流	洪水编号	水文控制站	洪水径流量（亿立方米）	洪水输沙量（万吨）	洪峰流量		最大含沙量	
					流量（立方米/秒）	发生时间（月.日时:分）	含沙量（千克/立方米）	发生时间（月.日时:分）
西江	1	梧州	147.4	300	25300	6.2 2:00	0.338	5.29 10:55
	2	梧州	160.1	300	32100	6.7 20:00	0.288	6.9 16:32
	3	梧州	193.3	263	35200	6.14 17:35	0.178	6.15 9:11
	4	梧州	186.3	1010	33100	6.23 16:25	1.13	6.24 8:05
北江	1	石角	77.86	277	14400	6.15 5:00	0.420	6.15 15:40
	2	石角	95.90	369	19500	6.22 10:15	0.550	6.22 9:00
	3	石角	69.70	176	15000	7.6 21:30	0.320	7.5 16:30
韩江	1	潮安	44.15	276	10500	6.17 6:50	0.976	6.15 17:30

注　表内洪水径流量和洪水输沙量均为最大 7 天的量值。

量和最大含沙量分别为 35200 立方米 / 秒和 1.13 千克 / 立方米；北江发生 3 次编号洪水，第 2 号洪峰沙峰最大，石角站洪峰流量和最大含沙量分别为 19500 立方米 / 秒和 0.550 千克 / 立方米；韩江发生 1 次编号洪水，潮安站洪峰流量和最大含沙量分别为 10500 立方米 / 秒和 0.976 千克 / 立方米。

三、典型断面冲淤变化

（一）石角水文站断面

石角水文站为北江下游控制站，集水面积为 3.84 万平方公里，距河口约 52 公里。石角水文站断面的冲淤变化见图 5-3。石角水文站断面主槽在 2000 年 11 月至 2013 年 11 月间处于持续冲刷下切的变化过程，之后断面有冲有淤，总体呈回淤抬升态势。与 2021 年相比，2022 年水文站断面在起点距约 570~800 米范围内河床显著淤高，最大淤积幅度约 3.5 米。

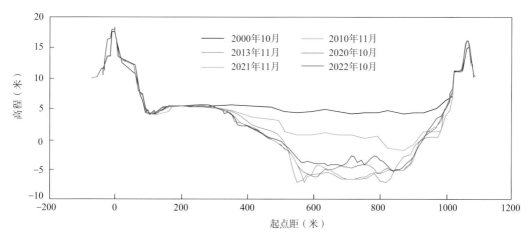

图 5-3　石角水文站断面冲淤变化

（二）三水水文站断面

三水水文站位于广东省佛山市三水区西南街道，至河口距离 116 公里，是西江、北江三角洲顶部北江干流水道入口控制站，西江、北江洪水经上游约 1 公里的思贤滘自然调节后流经本站。三水水文站断面冲淤变化见图 5-4。该站断面自 1990 年至 2010 年深泓呈下切趋势，之后河槽冲淤变化幅度不大，断面形态趋于稳定；与 2021 年相比，2022 年三水水文站断面河槽略有冲刷下切，但断面形态整体上变化不大。

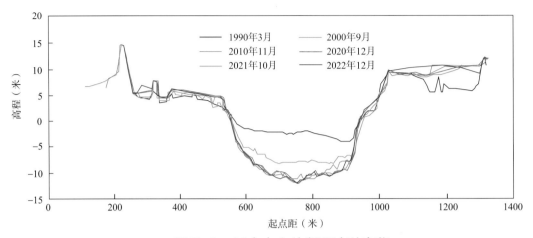

图 5-4　三水水文站断面冲淤变化

四、重要泥沙事件

2022 年北江发生洪水致使河道水沙量增加

2022 年"龙舟水"期间，广东省暴雨洪水频发。6 月中旬至 7 月中旬北江共发生 3 次编号洪水，特别是北江 2 号洪水超 100 年一遇，为 1915 年以来最大洪水；在 3 号洪水期间，北江流域启用潖江蓄滞洪区进行分洪。由于洪水频发的原因，北江下游石角水文控制站输沙量显著增大，2022 年输沙量为 915 万吨，是多年平均年输沙量的 1.7 倍，是 2021 年值的 5.9 倍。其中在 3 次编号洪水期间，最大 7 天输沙量分别为 277 万吨、369 万吨、176 万吨，共计 822 万吨，占全年输沙量的 90%。

辽河福德店河段（赵显冲　摄）

第六章　松花江与辽河

一、概述

（一）松花江

2022 年松花江流域主要水文控制站实测径流量与多年平均值比较，嫩江江桥站基本持平，呼兰河秦家站偏小 43%，其他站偏大 7%～42%；与近 10 年平均值比较，第二松花江扶余站和牡丹江牡丹江站年径流量分别偏大 24% 和 11%，松花江干流哈尔滨站基本持平，其他站偏小 17%～53%；与上年度比较，扶余站和牡丹江站年径流量分别增大 12% 和 20%，其他站减小 41%～62%。

2022 年松花江流域主要水文控制站实测输沙量与多年平均值比较，江桥、大赉和牡丹江各站偏大 6%～59%，其他站偏小 29%～71%；与近 10 年平均值比较，扶余站和牡丹江站年输沙量分别偏大 49% 和 20%，其他站偏小 18%～72%；与上年度比较，扶余站和牡丹江站年输沙量分别增大 160% 和 196%，其他站减小 62%～75%。

2022 年江桥水文站断面河槽左侧略有冲刷下切，中部略有淤积。

（二）辽河

2022 年辽河流域主要水文控制站实测径流量与多年平均值比较，老哈河兴隆坡站和西拉木伦河巴林桥站偏小 87% 和 13%，其他站偏大 83%～349%；与近 10 年平均值比较，巴林桥站基本持平，其他站偏大 10%～217%；与上年度比较，巴林桥站减小 9%，其他站增大 9%～160%。

2022 年辽河流域主要水文控制站实测输沙量与多年平均值比较，东辽河王奔、浑河邢家窝棚和辽河干流六间房各站偏大 39%~190%，其他站偏小 35%~98%；与近 10 年平均值比较，巴林桥站偏小 12%，其他站偏大 113%~227%；与上年度比较，巴林桥站减小 34%，其他站增大 13%~273%。

2022 年六间房水文站断面深泓主槽发生冲刷下切，其他部位有冲有淤。

二、径流量与输沙量

（一）松花江

1. 2022 年实测水沙特征值

2022 年松花江流域主要水文控制站实测水沙特征值与多年平均值、近 10 年平均值及 2021 年值的比较见表 6-1 和图 6-1。

2022 年松花江流域主要水文控制站实测径流量与多年平均值比较，嫩江江桥站基本持平，嫩江大赉、第二松花江扶余、松花江干流哈尔滨和牡丹江牡丹江各站分别偏大 7%、42%、21% 和 33%，呼兰河秦家站偏小 43%；与近 10 年平均值比较，江桥、大赉和秦家各站年径流量分别偏小 24%、17% 和 53%，扶余站和牡丹江站分别偏大 24% 和 11%，哈尔滨站基本持平；与上年度比较，江桥、大赉、哈尔滨和秦家各站年径流量分别减小 62%、61%、41% 和 51%，扶余站和牡丹江站分别增大 12% 和 20%。

2022 年松花江流域主要水文控制站实测输沙量与多年平均值比较，江桥、大赉和牡丹江各站分别偏大 41%、6% 和 59%，扶余、哈尔滨和秦家各站分别偏小 29%、37% 和 71%；与近 10 年平均值比较，江桥、大赉、哈尔滨和秦家各站年输沙量分别偏小 29%、54%、18% 和 72%，扶余站和牡丹江站分别偏大 49% 和 20%；与上年度比较，江桥、大赉、哈尔滨和秦家各站年输沙量分别减小 74%、75%、62% 和 70%，扶余站和牡丹江站分别增大 160% 和 196%。

2. 径流量与输沙量年内变化

2022 年松花江流域主要水文控制站逐月径流量与输沙量的变化见图 6-2。2022 年松花江流域江桥、大赉、扶余、哈尔滨、秦家和牡丹江各站径流量和输沙量主要集中在 5—9 月，分别占全年的 69%~75% 和 81%~97%；其中，扶余站和哈尔滨站 7—8 月的径流量占全年的 51% 和 47%，输沙量占全年的 86% 和 76%。

（二）辽河

1. 2022 年实测水沙特征值

2022 年辽河流域主要水文控制站水沙特征值与多年平均值、近 10 年平均值及 2021 年值的比较见表 6-2 和图 6-3。

表 6-1 松花江流域主要水文控制站实测水沙特征值对比

河 流	嫩 江	嫩 江	第二松花江	松花江干流	呼兰河	牡丹江
水文控制站	江 桥	大 赉	扶 余	哈尔滨	秦 家	牡丹江
控制流域面积（万平方公里）	16.26	22.17	7.18	38.98	0.98	2.22
年径流量（亿立方米） 多年平均	205.5 (1955—2020年)	207.5 (1955—2020年)	148.7 (1955—2020年)	407.4 (1955—2020年)	22.01 (2005—2020年)	50.80 (2005—2020年)
年径流量（亿立方米） 近10年平均	262.5	266.7	170.1	485.8	26.77	61.12
年径流量（亿立方米） 2021年	524.9	574.0	187.9	826.9	25.49	56.39
年径流量（亿立方米） 2022年	200.7	222.6	210.9	491.2	12.49	67.72
年输沙量（万吨） 多年平均	219 (1955—2020年)	176 (1955—2020年)	189 (1955—2020年)	570 (1955—2020年)	17.0 (2005—2020年)	105 (2005—2020年)
年输沙量（万吨） 近10年平均	437	408	89.9	438	17.6	139
年输沙量（万吨） 2021年	1190	759	51.6	957	16.3	56.4
年输沙量（万吨） 2022年	309	187	134	359	4.89	167
年平均含沙量（千克/立方米） 多年平均	0.107 (1955—2020年)	0.085 (1955—2020年)	0.127 (1955—2020年)	0.140 (1955—2020年)	0.077 (2005—2020年)	0.207 (2005—2020年)
年平均含沙量（千克/立方米） 2021年	0.227	0.132	0.027	0.116	0.064	0.100
年平均含沙量（千克/立方米） 2022年	0.154	0.084	0.064	0.073	0.039	0.247
输沙模数[吨/(年·平方公里)] 多年平均	13.5 (1955—2020年)	7.94 (1955—2020年)	26.3 (1955—2020年)	14.6 (1955—2020年)	17.3 (2005—2020年)	47.3 (2005—2020年)
输沙模数[吨/(年·平方公里)] 2021年	73.2	34.2	7.19	24.6	16.6	25.4
输沙模数[吨/(年·平方公里)] 2022年	19.0	8.43	18.7	9.21	4.99	75.2

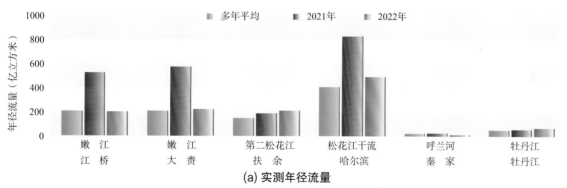

(a) 实测年径流量

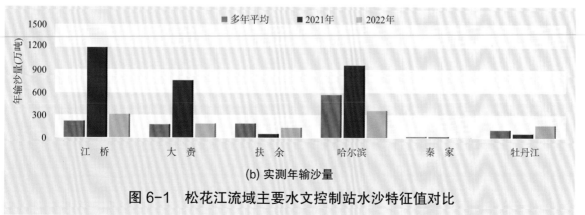

(b) 实测年输沙量

图 6-1 松花江流域主要水文控制站水沙特征值对比

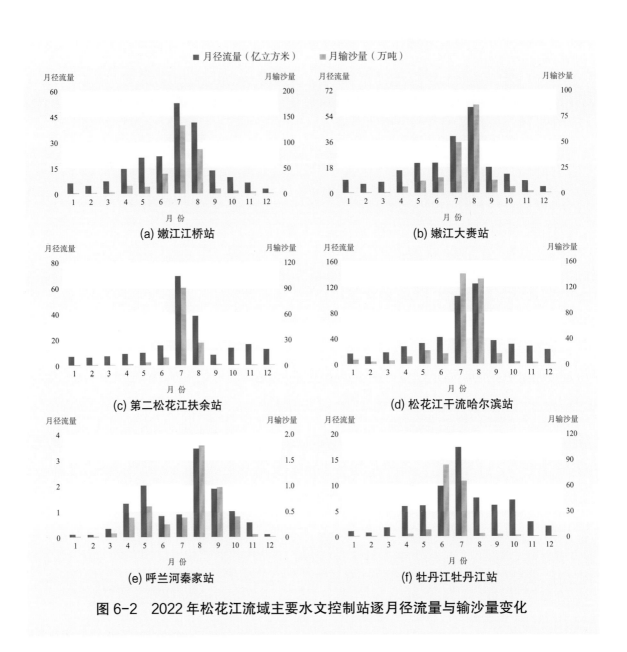

图 6-2　2022 年松花江流域主要水文控制站逐月径流量与输沙量变化

2022 年辽河流域主要水文控制站实测径流量与多年均值比较，老哈河兴隆坡站和西拉木伦河巴林桥站分别偏小 87% 和 13%，东辽河王奔、柳河新民、太子河唐马寨、浑河邢家窝棚、辽河干流铁岭和六间房各站分别偏大 349%、91%、83%、90%、219% 和 311%；与近 10 年平均值比较，兴隆坡、王奔、新民、唐马寨、邢家窝棚、铁岭和六间房各站年径流量分别偏大 10%、145%、189%、86%、81%、191% 和 217%，巴林桥站基本持平；与上年度比较，兴隆坡、王奔、新民、唐马寨、邢家窝棚、铁岭和六间房各站年径流量分别增大 31%、160%、101%、9%、64%、155% 和 152%，巴林桥站减少 9%。

表 6-2　辽河流域主要水文控制站实测水沙特征值对比

河　　　流	老哈河	西拉木伦河	东辽河	柳河	太子河	浑　河	辽河干流	辽河干流
水文控制站	兴隆坡	巴林桥	王奔	新民	唐马寨	邢家窝棚	铁　岭	六间房
控制流域面积 （万平方公里）	1.91	1.12	1.04	0.56	1.12	1.11	12.08	13.65
年径流量 （亿立方米） 多年平均	4.306 (1963—2020年)	3.141 (1994—2020年)	5.501 (1989—2020年)	1.988 (1965—2020年)	24.23 (1963—2020年)	19.31 (1955—2020年)	28.62 (1954—2020年)	28.27 (1987—2020年)
近10年平均	0.5164	2.727	10.09	1.316	23.84	20.19	31.41	36.72
2021年	0.4350	3.003	9.504	1.890	40.74	22.28	35.88	46.23
2022年	0.5700	2.727	24.68	3.799	44.37	36.64	91.43	116.3
年输沙量 （万吨） 多年平均	1150 (1963—2020年)	388 (1994—2020年)	41.7 (1989—2020年)	331 (1965—2020年)	94.7 (1963—2020年)	72.7 (1955—2020年)	992 (1954—2020年)	337 (1987—2020年)
近10年平均	7.98	186	41.4	75.1	27.5	34.0	125	196
2021年	19.7	248	43.8	57.3	50.4	34.1	131	236
2022年	22.2	164	121	214	58.6	101	295	642
年平均含沙量 （千克/立方米） 多年平均	26.7 (1963—2020年)	12.4 (1994—2020年)	0.758 (1989—2020年)	16.6 (1965—2020年)	0.391 (1963—2020年)	0.376 (1955—2020年)	3.47 (1954—2020年)	1.19 (1987—2020年)
2021年	4.53	8.26	0.461	3.03	0.124	0.153	0.365	0.510
2022年	3.89	6.01	0.490	5.63	0.132	0.276	0.323	0.552
年平均中数粒径 （毫米） 多年平均	0.023 (1982—2020年)	0.022 (1994—2020年)			0.036 (1963—2020年)	0.044 (1955—2020年)	0.029 (1962—2020年)	
2021年	0.011	0.004			0.018	0.034	0.016	
2022年	0.007	0.007			0.085	0.052	0.054	
输沙模数 [吨/(年·平方公里)] 多年平均	602 (1963—2020年)	346 (1994—2020年)	40.1 (1989—2020年)	591 (1965—2020年)	84.6 (1963—2020年)	65.5 (1955—2020年)	82.1 (1954—2020年)	24.7 (1987—2020年)
2021年	10.3	221	42.1	102	45.0	30.7	10.8	17.3
2022年	11.6	146	116	382	52.3	91.0	24.4	47.0

2022 年辽河流域主要水文控制站实测输沙量与多年均值比较，兴隆坡、巴林桥、新民、唐马寨和铁岭各站分别偏小 98%、58%、35%、38% 和 70%，王奔、邢家窝棚和六间房各站分别偏大 190%、39% 和 91%；与近 10 年平均值比较，兴隆坡、王奔、新民、唐马寨、邢家窝棚、铁岭和六间房各站年输沙量分别偏大 178%、193%、185%、113%、197%、136% 和 227%，巴林桥站偏小 12%；与上年度比较，兴隆坡、王奔、新民、唐马寨、邢家窝棚、铁岭和六间房各站年输沙量分别增大 13%、176%、273%、16%、196%、125% 和 172%，巴林桥站减小 34%。

2. 径流量与输沙量年内变化

2022 年辽河流域主要水文控制站逐月径流量与输沙量的变化见图 6-4。2022 年辽

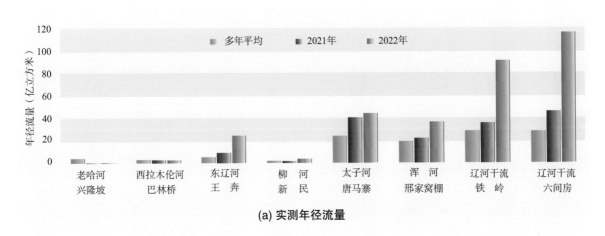

(a) 实测年径流量

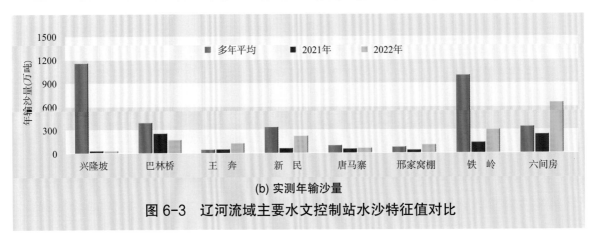

(b) 实测年输沙量

图 6-3　辽河流域主要水文控制站水沙特征值对比

河流域兴隆坡站径流量和输沙量最大值均出现在 6 月，分别占全年的 55% 和 99%；王奔、新民、邢家窝棚、铁岭和六间房各站 6—8 月径流量和输沙量分别占全年的 58%~84% 和 85%~98.0%；巴林桥站径流量基本均匀分布在 3—11 月，占全年的 97%，输沙量主要集中在 7—8 月，占全年的 68%；唐马寨站径流量和输沙量主要集中在 5—10 月，分别占全年的 81% 和 98%。

3. 洪水泥沙

2022 年辽河干流受强降水影响发生 1 次编号洪水，铁岭站洪峰流量和最大含沙量分别为 2830 立方米 / 秒和 0.526 千克 / 立方米。辽河流域洪水泥沙特征值见表 6-3。

表 6-3　2022 年辽河流域洪水泥沙特征值

河流	洪水编号	水文站	洪水起止时间（月.日）	洪水径流量（亿立方米）	洪水输沙量（万吨）	洪峰流量		最大含沙量	
						流量（立方米/秒）	发生时间（月.日 时:分）	含沙量（千克/立方米）	发生时间（月.日 时:分）
辽河干流	1	铁岭	7.13—7.20	13.49	51.3	2830	7.18 11:35	0.526	7.14 20:51

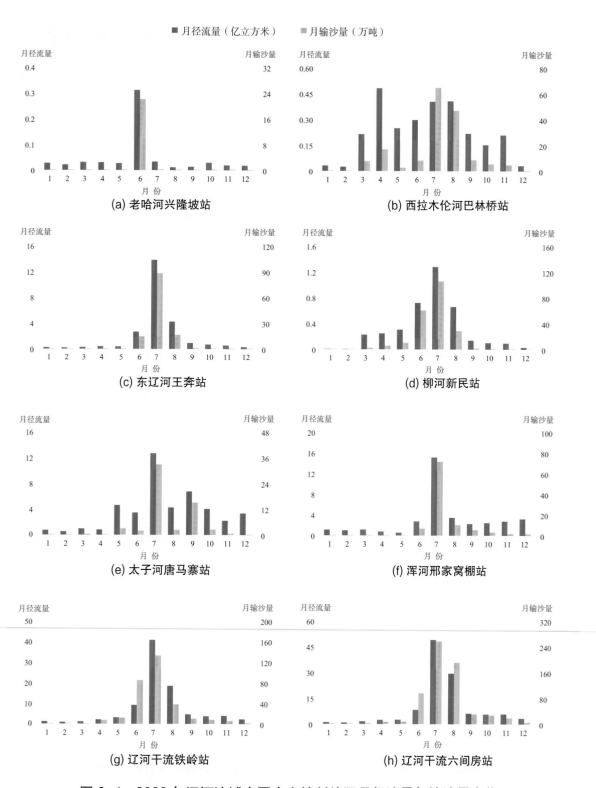

■ 月径流量（亿立方米）　　　■ 月输沙量（万吨）

(a) 老哈河兴隆坡站

(b) 西拉木伦河巴林桥站

(c) 东辽河王奔站

(d) 柳河新民站

(e) 太子河唐马寨站

(f) 浑河邢家窝棚站

(g) 辽河干流铁岭站

(h) 辽河干流六间房站

图 6-4　2022 年辽河流域主要水文控制站逐月径流量与输沙量变化

三、典型断面冲淤变化

（一）嫩江江桥水文站断面

嫩江江桥水文站断面冲淤变化见图6-5（大连基面）。与2021年相比，2022年江桥站断面左槽260~340米范围略有冲刷下切，中部340~760米范围略有淤积，断面其他位置无明显冲淤变化。

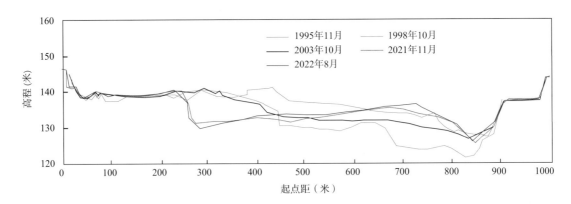

图6-5　嫩江江桥水文站断面冲淤变化

（二）辽河干流六间房水文站断面

辽河干流六间房水文站断面冲淤变化见图6-6。自2003年以来，六间房水文站断面形态总体比较稳定，滩地冲淤变化不明显；河槽有冲有淤，深泓略有变化。与2021年相比，2022年六间房站断面深泓主槽发生冲刷下切，断面左岸起点距409~1030米发生淤积，断面河槽右侧起点距1160~1290米发生淤积，1290~1470米发生冲刷。

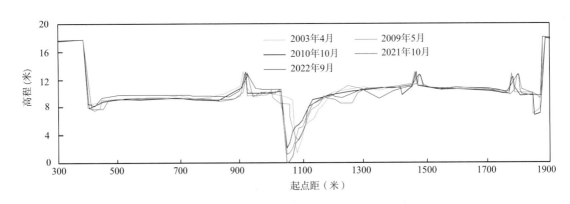

图6-6　辽河干流六间房水文站断面冲淤变化

新安江坝下河段（丁宁　摄）

第七章　东南河流

一、概述

以钱塘江和闽江作为东南河流的代表性河流。

（一）钱塘江

2022 年钱塘江流域主要水文控制站实测径流量与多年平均值比较，衢江衢州站和兰江兰溪站分别偏大 13% 和 9%，曹娥江上虞东山站和浦阳江诸暨站分别偏小 23% 和 18%；与近 10 年平均值比较，衢州站和兰溪站年径流量基本持平，上虞东山站和诸暨站分别偏小 20% 和 23%；与上年度比较，衢州站年径流量基本持平，其他站减小 6%~37%。

2022 年钱塘江流域主要水文控制站实测输沙量与多年平均值比较，衢州站基本持平，其他站偏小 21%~73%；与近 10 年平均值比较，衢州站年输沙量偏大 37%，其他站偏小 36%~59%；与上年度比较，兰溪、上虞东山和诸暨各站年输沙量减小 24%~65%。

2022 年度兰江兰溪水文站断面形态基本稳定，局部略有冲淤变化。

（二）闽江

2022 年闽江流域主要水文控制站实测径流量与多年平均值比较，大樟溪永泰（清水壑）站偏小 19%，闽江干流竹岐站和建溪七里街站分别偏大 6% 和 22%，其他站基本持平；与近 10 年平均值比较，富屯溪洋口站年径流量偏小 7%，七里街站偏大 15%，其他站基本持平；与上年度比较，各站年径流量增大 17%~124%。

2022 年闽江流域主要水文控制站实测输沙量与多年平均值比较，竹岐站和永泰（清水壑）站分别偏小 43% 和 85%，其他站偏大 10%~144%；与近 10 年平均值比较，洋口站和永泰（清水壑）站年输沙量分别偏小 23% 和 70%，其他站偏大 53%~108%；与上年度比较，永泰（清水壑）站年输沙量减小23%，其他站增大29%以上。

2022年闽江竹岐水文站断面冲淤变化不大。

二、径流量与输沙量

（一）钱塘江

1. 2022年实测水沙特征值

2022年钱塘江流域主要水文控制站实测水沙特征值与多年平均值、近10年平均值及2021年值的比较见表7-1和图7-1。

2022年钱塘江流域主要水文控制站实测径流量与多年平均值比较，衢江衢州站和兰江兰溪站分别偏大13%和9%，曹娥江上虞东山站和浦阳江诸暨站分别偏小23%和18%；与近10年平均值比较，衢州站和兰溪站年径流量基本持平，上虞东山站和诸暨站分别偏小20%和23%；与上年度比较，衢州站年径流量基本持平，兰溪、上虞东

表7-1 钱塘江流域主要水文控制站实测水沙特征值对比

河　　流		衢　江	兰　江	曹　娥　江	浦　阳　江
水文控制站		衢　州	兰　溪	上虞东山	诸　暨
控制流域面积（万平方公里）		0.54	1.82	0.44	0.17
年径流量（亿立方米）	多年平均	62.91 (1958—2020年)	172.0 (1977—2020年)	34.38 (2012—2020年)	11.91 (1956—2020年)
	近10年平均	69.28	196.5	33.45	12.66
	2021年	73.86	199.3	42.58	12.90
	2022年	71.36	188.2	26.64	9.811
年输沙量（万吨）	多年平均	101 (1958—2020年)	227 (1977—2020年)	32.1 (2012—2020年)	16.0 (1956—2020年)
	近10年平均	75.9	280	28.6	7.53
	2021年		235	33.6	9.15
	2022年	104	179	11.6	4.27
年平均含沙量（千克/立方米）	多年平均	0.161 (1958—2020年)	0.132 (1977—2020年)	0.093 (2012—2020年)	0.134 (1956—2020年)
	2021年		0.118	0.079	0.071
	2022年	0.146	0.095	0.044	0.044
输沙模数[吨/(年·平方公里)]	多年平均	187 (1958—2020年)	125 (1977—2020年)	73.0 (2012—2020年)	94.1 (1956—2020年)
	2021年		129	76.9	53.2
	2022年	192	98.2	26.5	24.8

注　1. 上虞东山站上游钦村水库跨流域引水量、汤浦水库管网引水量和曹娥江引水工程引水量未参加径流量计算。
　　2. 2021年衢州站因水文站现代化示范改造项目，泥沙观测停测1年。

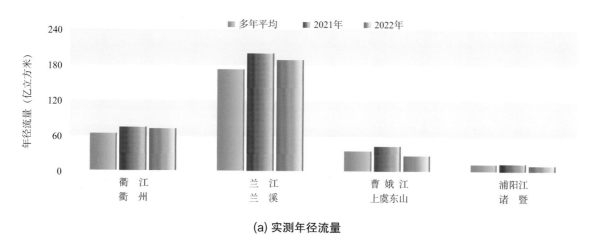

(a) 实测年径流量

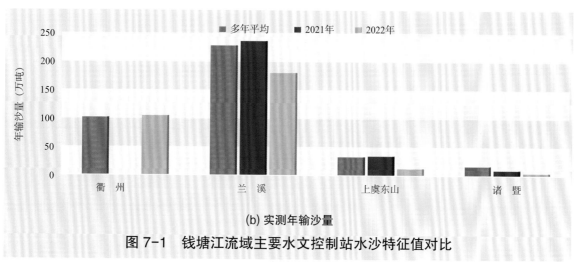

(b) 实测年输沙量

图 7-1　钱塘江流域主要水文控制站水沙特征值对比

山和诸暨各站分别减小 6%、37% 和 24%。

2022 年钱塘江流域主要水文控制站实测输沙量与多年平均值比较，衢州站基本持平，兰溪、上虞东山和诸暨各站分别偏小 21%、64% 和 73%；与近 10 年平均值比较，衢州站年输沙量偏大 37%，兰溪、上虞东山和诸暨各站分别偏小 36%、59% 和 43%；与上年度比较，兰溪、上虞东山和诸暨各站年输沙量分别减小 24%、65% 和 53%。

2. 径流量与输沙量年内变化

2022 年钱塘江流域主要水文控制站逐月径流量与输沙量变化见图 7-2。2022 年衢州、兰溪和诸暨各站径流量和输沙量主要集中在上半年（1—6 月），分别占全年的 82%~90% 和 89%~99%；上虞东山站径流量和输沙量主要集中在 2—6 月和 9 月，分别占全年的 80% 和 93%；其中，除上虞东山站最大月径流量和输沙量出现在 9 月外，其他站均出现在 6 月，各站最大月径流量与输沙量分别占全年的 23%~45% 和 61%~86%。

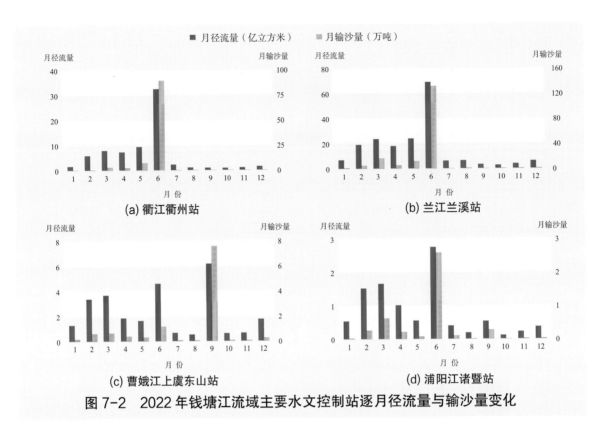

■ 月径流量（亿立方米）　　■ 月输沙量（万吨）

(a) 衢江衢州站

(b) 兰江兰溪站

(c) 曹娥江上虞东山站

(d) 浦阳江诸暨站

图 7-2　2022 年钱塘江流域主要水文控制站逐月径流量与输沙量变化

3. 洪水泥沙

2022 年，钱塘江流域发生 2 次编号洪水，受到流域入梅前较强降雨影响，钱塘江干流兰溪站 6 月 6 日达到警戒水位，形成第 1 号洪水，衢州站洪峰流量为 4450 立方米 / 秒，最大含沙量 1.09 千克 / 立方米（年最大含沙量）；兰溪站洪峰流量和最大含沙量分别为 7820 立方米 / 秒和 0.567 千克 / 立方米。受梅雨期第 3 轮强降雨影响，兰溪站 6 月 20 日达到警戒水位，形成第 2 号洪水，衢州站洪峰流量为 8160 立方米 / 秒，为 1950 年以来实测记录最大流量；兰溪站洪峰流量为 12800 立方米 / 秒，为 1956 年以来有实测记录的第 2 大流量；两站最大含沙量分别为 1.01 千克 / 立方米和 0.657 千克 / 立方米。钱塘江两次编号洪水泥沙特征值见表 7-2。

表 7-2　2022 年钱塘江流域洪水泥沙特征值

河流	洪水编号	水文站	最大 1 日洪水径流量		最大 1 日洪水输沙量		最大 3 日洪水径流量		最大 3 日洪水输沙量		洪峰流量		最大含沙量	
			径流量（亿立方米）	发生时间（月.日）	输沙量（万吨）	发生时间（月.日）	径流量（亿立方米）	起始时间（月.日）	输沙量（万吨）	起始时间（月.日）	流量（立方米/秒）	发生时间（月.日 时:分）	含沙量（千克/立方米）	发生时间（月.日 时:分）
衢江	1	衢州站	2.445	6.6	14.2	6.3	5.815	6.2	20.2	6.1	4450	6.3 1:00	1.09	6.3 0:43
兰江	1	兰溪站	5.106	6.2	18.5	6.3	12.82	6.1	34.7	6.1	7820	6.6 10:00	0.567	6.3 4:13
衢江	2	衢州站	5.512	6.20	31.3	6.20	10.66	6.19	57.2	6.19	8160	6.20 22:55	1.01	6.20 22:24
兰江	2	兰溪站	8.243	6.21	38.1	6.20	19.12	6.20	67.6	6.20	12800	6.21 1:00	0.657	6.20 12:36

（二）闽江

1. 2022 年实测水沙特征值

2022 年闽江流域主要水文控制站实测水沙特征值与多年平均值、近 10 年平均值及 2021 年值的比较见表 7-3 和图 7-3。

2022 年闽江干流水文控制站竹岐站实测径流量较多年平均值偏大 6%，和近 10 年平均值基本持平，较上年度增大 51%；实测年输沙量比多年平均值偏小 43%，较近 10 年平均值偏大 53%，较上年度增大 137%。

2022 年闽江主要支流水文控制站实测径流量与多年平均值比较，富屯溪洋口站和沙溪沙县（石桥）站基本持平，大樟溪永泰（清水壑）站偏小 19%，建溪七里街站偏大 22%；与近 10 年平均值比较，沙县（石桥）站和永泰（清水壑）站年径流量基本持平，洋口站偏小 7%，七里街站偏大 15%；与上年度比较，七里街、洋口、沙县（石桥）和永泰（清水壑）各站分别增大 35%、37%、124% 和 17%。

表 7-3 闽江流域主要水文控制站实测水沙特征值对比

河流		闽江	建溪	富屯溪	沙溪	大樟溪
水文控制站		竹岐	七里街	洋口	沙县（石桥）	永泰（清水壑）
控制流域面积（万平方公里）		5.45	1.48	1.27	0.99	0.40
年径流量（亿立方米）	多年平均	539.7 (1950—2020年)	156.8 (1953—2020年)	139.7 (1952—2020年)	93.24 (1952—2020年)	36.35 (1952—2020年)
	近 10 年平均	552.4	165.9	149.3	90.44	30.45
	2021 年	377.0	141.1	100.9	41.29	25.11
	2022 年	570.2	190.5	138.4	92.39	29.28
年输沙量（万吨）	多年平均	525 (1950—2020年)	150 (1953—2020年)	136 (1952—2020年)	109 (1952—2020年)	50.9 (1952—2020年)
	近 10 年平均	195	172	194	128	25.6
	2021 年	126	199	116	7.75	10.0
	2022 年	299	315	150	266	7.67
年平均含沙量（千克/立方米）	多年平均	0.097 (1950—2020年)	0.095 (1953—2020年)	0.093 (1952—2020年)	0.114 (1952—2020年)	0.138 (1952—2020年)
	2021 年	0.033	0.141	0.115	0.019	0.040
	2022 年	0.052	0.165	0.108	0.288	0.026
输沙模数 [吨/(年·平方公里)]	多年平均	96.3 (1950—2020年)	102 (1953—2020年)	107 (1952—2020年)	110 (1952—2020年)	126 (1952—2020年)
	2021 年	23.1	135	91.6	7.81	24.8
	2022 年	54.9	213.0	118.4	268.1	19.0

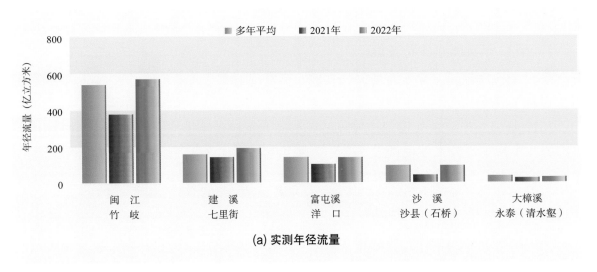

(a) 实测年径流量

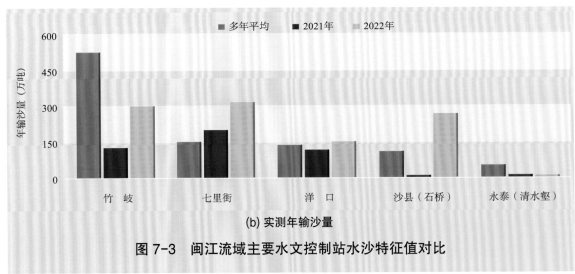

(b) 实测年输沙量

图 7-3　闽江流域主要水文控制站水沙特征值对比

2022 年闽江主要支流水文控制站实测输沙量与多年平均值比较，永泰（清水壑）站偏小 85%，洋口、七里街和沙县（石桥）各站分别偏大 10%、110% 和 144%；与近 10 年平均值比较，洋口站和永泰（清水壑）站年输沙量分别偏小 23% 和 70%，七里街站和沙县（石桥）站分别偏大 84% 和 108%；与上年度比较，永泰（清水壑）站年输沙量减小 23%，七里街、洋口和沙县（石桥）各站分别增大 58%、29% 和 3332%。

2. 径流量与输沙量年内变化

2022 年闽江流域主要水文控制站逐月径流量与输沙量变化见图 7-4。2022 年洋口、竹岐、七里街、永泰（清水壑）和沙县（石桥）各站的径流量和输沙量主要集中在主汛期 4—6 月，分别占全年的 59%~64% 和 82%~99%。除永泰（清水壑）站最大输沙量出现在 4 月外，其他各站最大月输沙量和最大月径流量均出现在 6 月，各站最大月径

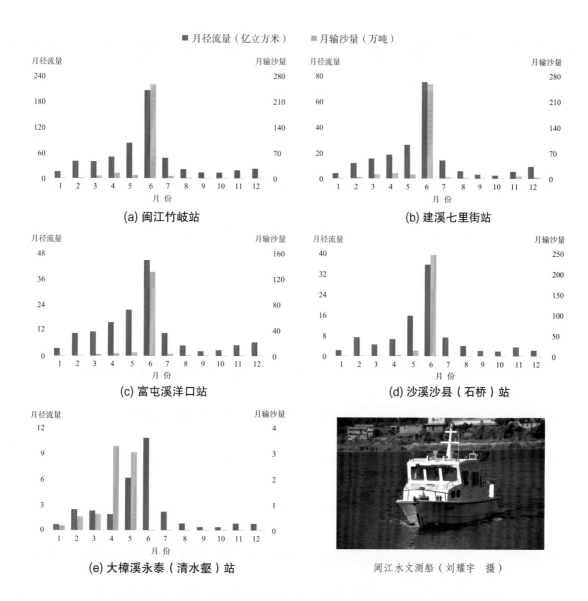

图 7-4　2022 年闽江流域主要水文控制站逐月径流量与输沙量变化

流量与最大月输沙量分别占全年的 32%～39% 与 43%～92%。

三、典型断面冲淤变化

（一）兰江兰溪水文站断面

钱塘江流域兰江兰溪水文站断面冲淤变化见图 7-5。与 2021 年相比，2022 年兰溪水文站断面局部略有冲淤变化，起点距 50～100 米、130～160 米、220～270 米和

300～320 米范围内略有冲刷；起点距 170～190 米和 370～387 米范围内略有淤积；右岸滩地（387～446.3 米）上下游，2022 年下半年建成绿色休闲游步道，在断面上（423～446.3 米）辅以硬化过道；断面其他部位基本稳定。

（二）闽江干流竹岐水文站断面

闽江干流竹岐水文站断面冲淤变化见图 7-6。与 2021 年相比，2022 年竹岐水文站断面冲淤变化不大。

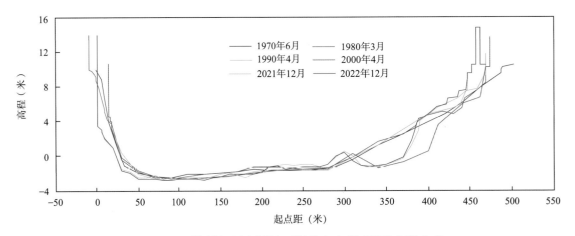

图 7-5　钱塘江流域兰江兰溪水文站断面冲淤变化

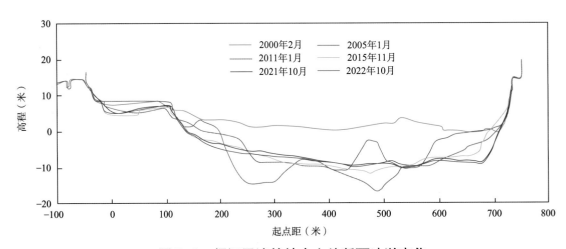

图 7-6　闽江干流竹岐水文站断面冲淤变化

塔里木河上游（刘静　摄）

第八章　内陆河流

一、概述

以塔里木河、黑河、疏勒河和青海湖区部分河流作为内陆河流的代表性河流。

（一）塔里木河

2022 年塔里木河流域主要水文控制站实测径流量与多年平均值比较，开都河焉耆站基本持平，其他站偏大 33%～109%；与近 10 年平均值比较，焉耆站年径流量基本持平，其他站偏大 22%～86%；与上年度比较，焉耆站年径流量基本持平，其他站增大44%～108%。

2022 年塔里木河流域主要水文控制站实测输沙量与多年平均值比较，焉耆站和叶尔羌河卡群站分别偏小 90% 和 70%，其他站偏大 127%～146%；与近 10 年平均值比较，焉耆站和卡群站年输沙量分别偏小 15% 和 65%，其他站偏大 77%～231%；与上年度比较，各站年输沙量增大 65%～252%。

（二）黑河

2022 年黑河干流莺落峡站和正义峡站实测径流量与多年平均值比较，分别偏大12% 和 29%；与近 10 年平均值比较，莺落峡站年径流量偏小 9%，正义峡站基本持平；与上年度比较，莺落峡站和正义峡站年径流量分别增大 7% 和 24%。

2022 年黑河干流莺落峡站和正义峡站实测输沙量与多年平均值比较，分别偏小15% 和 34%；与近 10 平均值比较，莺落峡站年输沙量偏大 62%，正义峡站偏小 8%；与上年度比较，莺落峡站和正义峡站年输沙量分别增大 4900% 和 174%。

（三）疏勒河

2022 年疏勒河流域昌马河昌马堡站和党河党城湾站实测径流量与多年平均值比较，分别偏大 45% 和 26%；与近 10 年平均值比较，昌马堡站年径流量基本持平，党城湾站偏大 11%；与上年度比较，昌马堡站和党城湾站年径流量分别增大 6% 和 16%。

2022 年疏勒河流域昌马堡站和党城湾站实测输沙量与多年平均值比较，分别偏大 99% 和 45%；与近 10 年平均值比较，昌马堡站和党城湾站年输沙量分别偏大 45% 和 84%；与上年度比较，昌马堡站和党城湾站年输沙量分别增大 46% 和 217%。

（四）青海湖区

2022 年青海湖区水文站实测径流量与多年平均值比较，布哈河布哈河口站偏大 32%，依克乌兰河刚察站基本持平；与近 10 年平均值比较，布哈河口站和刚察站年径流量分别偏小 21% 和 15%；与上年度比较，布哈河口站年径流量增大 6%，刚察站基本持平。

2022 年布哈河口站和刚察站实测输沙量与多年平均值比较，分别偏大 61% 和 224%；与近 10 年平均值比较，布哈河口站年输沙量基本持平，刚察站偏大 142%；与上年度比较，布哈河口站和刚察站年输沙量分别增大 115% 和 380%。

二、径流量与输沙量

（一）塔里木河

1. 2022 年实测水沙特征值

2022 年塔里木河流域主要水文控制站实测水沙特征值与多年平均值、近 10 年平均值及 2021 年值的比较见表 8-1 及图 8-1。

2022 年塔里木河干流阿拉尔站实测水沙特征值与多年平均值比较，年径流量和年输沙量分别偏大 109% 和 146%；与近 10 年平均值比较，年径流量和年输沙量分别偏大 86% 和 231%；与上年度比较，年径流量和年输沙量分别增大 108% 和 231%。

2022 年塔里木河流域四条源流主要水文控制站实测径流量与多年平均值比较，开都河焉耆站基本持平，阿克苏河西大桥（新大河）、叶尔羌河卡群和玉龙喀什河同古孜洛克各站分别偏大 103%、33% 和 69%；与近 10 年平均值比较，焉耆站年径流量基本持平，西大桥（新大河）、卡群和同古孜洛克各站分别偏大 74%、22% 和 39%；与上年度比较，焉耆站年径流量基本持平，西大桥（新大河）、卡群和同古孜洛克各站分别增大 61%、44% 和 45%。

2022 年塔里木河流域四条源流主要水文控制站实测输沙量与多年平均值比较，焉耆站和卡群站分别偏小 90% 和 70%，西大桥（新大河）站和同古孜洛克站分别偏大 137% 和 127%；与近 10 年平均值相比，焉耆站和卡群站年输沙量分别偏小 15% 和 65%，西大

表 8-1 塔里木河流域主要水文控制站实测水沙特征值对比

河流		开都河	阿克苏河	叶尔羌河	玉龙喀什河	塔里木河干流
水文控制站		焉耆	西大桥（新大河）	卡群	同古孜洛克	阿拉尔
控制流域面积（万平方公里）		2.25	4.31	5.02	1.46	
年径流量（亿立方米）	多年平均	26.30 （1956—2020年）	38.10 （1958—2020年）	67.46 （1956—2020年）	22.99 （1964—2020年）	46.46 （1958—2020年）
	近10年平均	28.38	44.53	73.33	27.95	52.14
	2021年	28.25	48.25	62.29	26.69	46.53
	2022年	27.36	77.52	89.62	38.77	96.98
年输沙量（万吨）	多年平均	63.2 （1956—2020年）	1710 （1958—2020年）	3070 （1956—2020年）	1230 （1964—2020年）	1990 （1958—2020年）
	近10年平均	7.64	1630	2560	1590	1480
	2021年	2.34	1150	293	1700	1480
	2022年	6.50	4050	907	2810	4900
年平均含沙量（千克/立方米）	多年平均	0.230 （1956—2020年）	4.30 （1958—2020年）	4.35 （1956—2020年）	5.06 （1964—2020年）	4.23 （1958—2020年）
	2021年	0.008	2.38	0.469	6.37	3.17
	2022年	0.024	5.24	1.01	7.24	5.06
输沙模数 [吨/(年·平方公里)]	多年平均			610 （1956—2020年）	844 （1964—2020年）	
	2021年			58.3	1170	
	2022年			181	1930	

注 泥沙实测资料为不连续水文系列。

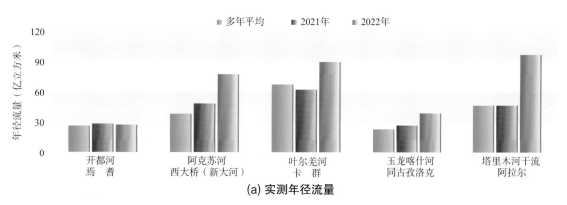

(a) 实测年径流量

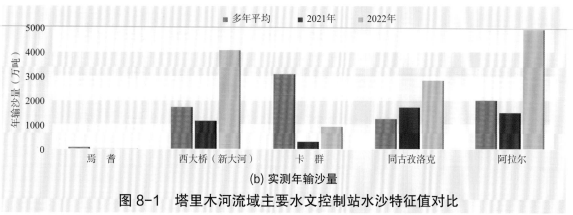

(b) 实测年输沙量

图 8-1 塔里木河流域主要水文控制站水沙特征值对比

桥（新大河）站和同古孜洛克站分别偏大 148% 和 77%；与上年度比较，焉耆、西大桥（新大河）、卡群和同古孜洛克各站年输沙量分别增大 178%、252%、210% 和 65%。

2. 径流量与输沙量年内变化

2022 年塔里木河流域主要水文控制站逐月径流量与输沙量变化见图 8-2。2022 年塔里木河流域焉耆站径流量和输沙量主要集中在 5—9 月，分别占全年的 59% 和 99%；其他站径流量和输沙量主要集中在 6—9 月，分别占全年的 70%~90% 和 90%~98%。

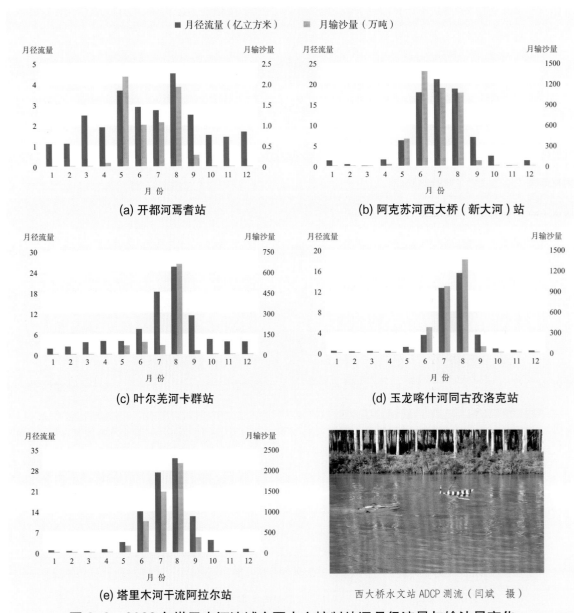

图 8-2　2022 年塔里木河流域主要水文控制站逐月径流量与输沙量变化

3. 洪水泥沙

2022 年塔里木河流域洪水历时长，西大桥（新大河）、阿拉尔和同古孜洛克各站 2022 年径流量均为历史最大年径流量，阿拉尔站 2022 年输沙量为历史最大年输沙量。同古孜洛克、西大桥（新大河）和阿拉尔各站洪峰流量分别为 1040 立方米 / 秒、1530 立方米 / 秒和 1830 立方米 / 秒，最大含沙量分别为 35.1 千克 / 立方米、19.6 千克 / 立方米和 15.2 千克 / 立方米。塔里木河流域洪水泥沙特征值见表 8-2。

表 8-2 2022 年塔里木河流域洪水泥沙特征值

河流	水文站	洪水起止时间（月.日）	洪水径流量（亿立方米）	洪水输沙量（万吨）	洪峰流量		最大含沙量	
					流量（立方米 / 秒）	发生时间（月.日 时:分）	含沙量（千克 / 立方米）	发生时间（月.日 时:分）
玉龙喀什河	同古孜洛克	6.24—6.24	0.223	68.86	367	6.24 8:00	48.5	6.24 8:00
		8.6—8.18	8.261	963.79	1040	8.14 13:12	35.1	8.14 8:00
阿克苏河	西大桥（新大河）	8.9—8.16	6.299	54.03	1530	8.11 11:48	19.6	8.11 20:00
塔里木河	阿拉尔	8.9—8.27	21.87	150.72	1830	8.12 8:32	15.2	8.12 8:00

（二）黑河

1. 2022 年实测水沙特征值

2022 年黑河干流莺落峡站和正义峡站实测水沙特征值与多年平均值、近 10 年平均值及 2021 年值的比较见表 8-3 及图 8-3。

2022 年黑河干流莺落峡站和正义峡站实测径流量与多年平均值比较，分别偏大 12% 和 29%；与近 10 年平均值比较，莺落峡站年径流量偏小 9%，正义峡站基本持平；与上年度比较，莺落峡站和正义峡站年径流量分别增大 7% 和 24%。

2022 年黑河干流莺落峡站和正义峡站实测输沙量与多年平均值比较，分别偏小 15% 和 34%；与近 10 平均年值比较，莺落峡站年输沙量偏大 62%，正义峡站偏小 8%；与上年度比较，莺落峡站和正义峡站年输沙量分别增大 4900% 和 174%。

2. 径流量与输沙量年内变化

2022 年黑河干流莺落峡站和正义峡站逐月径流量与输沙量的变化见图 8-4。2022 年黑河干流莺落峡站和正义峡站径流量和输沙量主要集中在 5—10 月，径流量分别占全年的 81% 和 60%，输沙量分别占全年的 100% 和 93%。

表 8-3 黑河干流主要水文控制站实测水沙特征值对比

水文控制站		莺落峡	正义峡
控制流域面积（万平方公里）		1.00	3.56
年径流量 （亿立方米）	多年平均	16.67 （1950—2020年）	10.57 （1963—2020年）
	近10年平均	20.52	13.46
	2021年	17.42	11.05
	2022年	18.70	13.67
年输沙量 （万吨）	多年平均	193 （1955—2020年）	138 （1963—2020年）
	近10年平均	102	99.7
	2021年	3.30	33.4
	2022年	165	91.5
年平均含沙量 （千克/立方米）	多年平均	1.15 （1955—2020年）	1.31 （1963—2020年）
	2021年	0.024	0.303
	2022年	0.882	0.670
输沙模数 [吨/（年·平方公里）]	多年平均	193 （1955—2020年）	38.7 （1963—2020年）
	2021年	3.30	9.37
	2022年	165	25.7

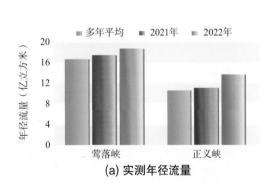

图 8-3 黑河干流主要水文站水沙特征值对比

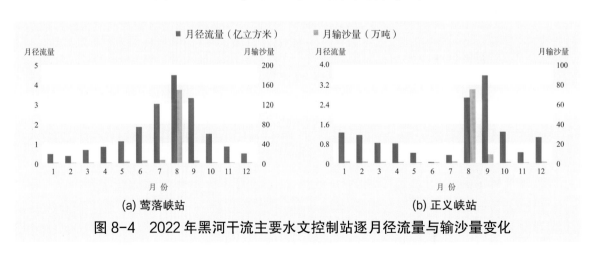

图 8-4 2022年黑河干流主要水文控制站逐月径流量与输沙量变化

（三）疏勒河

1. 2022 年实测水沙特征值

2022 年疏勒河流域主要水文控制站实测水沙特征值与多年平均值、近 10 年平均值及 2021 年值的比较见表 8-4 及图 8-5。

2022 年疏勒河流域昌马河昌马堡站和党河党城湾站实测径流量与多年平均值比较，分别偏大 45% 和 26%；与近 10 年平均值比较，昌马堡站年径流量基本持平，党城湾站偏大 11%；与上年度比较，昌马堡站和党城湾站年径流量分别增大 6% 和 16%。

2022 年疏勒河流域昌马堡站和党城湾站实测输沙量与多年平均值比较，分别偏大

表 8-4　疏勒河流域主要水文控制站实测水沙特征值对比

河　　流		昌马河	党　河
水文控制站		昌马堡	党城湾
控制流域面积（万平方公里）		1.10	1.43
年径流量 （亿立方米）	多年平均	10.29 （1956—2020年）	3.734 （1972—2020年）
	近 10 年平均	14.71	4.234
	2021 年	14.03	4.033
	2022 年	14.89	4.692
年输沙量 （万吨）	多年平均	348 （1956—2020年）	73.0 （1972—2020年）
	近 10 年平均	478	57.6
	2021 年	473	33.4
	2022 年	692	106
年平均含沙量 （千克/立方米）	多年平均	3.38 （1956—2020年）	1.96 （1972—2020年）
	2021 年	3.37	0.891
	2022 年	4.65	2.26
输沙模数 [吨/（年·平方公里）]	多年平均	316 （1956—2020年）	51.0 （1972—2020年）
	2021 年	432	23.3
	2022 年	629	74.1

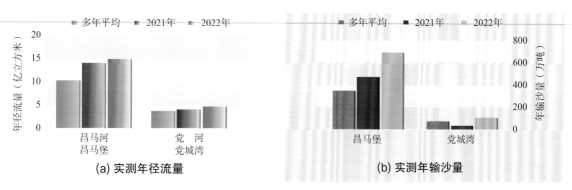

(a) 实测年径流量　　　　(b) 实测年输沙量

图 8-5　疏勒河流域主要水文站水沙特征值对比

99% 和 45%；与近 10 年平均值比较，昌马堡站和党城湾站年输沙量分别偏大 45% 和 84%；与上年度比较，昌马堡站和党城湾站年输沙量分别增大 46% 和 217%。

2. 径流量与输沙量年内变化

2022 年疏勒河流域昌马堡站和党城湾站逐月径流量与输沙量的变化见图 8-6。2022 年疏勒河流域昌马堡站和党城湾站径流量和输沙量主要集中在 5—10 月，径流量分别占全年的 83% 和 64%，输沙量分别占全年的 100% 和 86%。

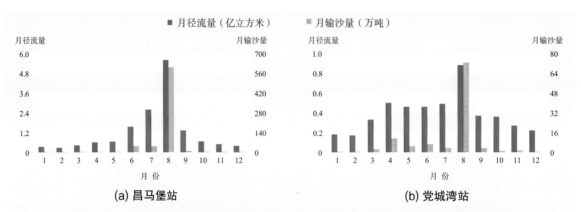

（a）昌马堡站　　　　　　　　　（b）党城湾站

图 8-6　2022 年疏勒河流域主要水文控制站逐月径流量与输沙量变化

（四）青海湖区

1. 2022 年实测水沙特征值

2022 年青海湖区主要水文控制站实测水沙特征值与多年平均值、近 10 年平均值及 2021 年值的比较见表 8-5 及图 8-7。

2022 年青海湖区主要水文控制站实测径流量与多年平均值比较，布哈河布哈河口站偏大 32%，依克乌兰河刚察站基本持平；与近 10 年平均值比较，布哈河口站和刚察站年径流量分别偏小 21% 和 15%；与上年度比较，布哈河口站年径流量增大 6%，刚察站基本持平。

2022 年布哈河口站和刚察站实测输沙量与多年平均值比较，分别偏大 61% 和 224%；与近 10 年平均值比较，布哈河口站年输沙量基本持平，刚察站偏大 142%；与上年度比较，布哈河口站和刚察站年输沙量分别增大 115% 和 380%。

2. 径流量与输沙量年内变化

2022 年青海湖区主要水文控制站逐月径流量与输沙量变化见图 8-8。2022 年青海湖区布哈河口站和刚察站径流量和输沙量主要集中在汛期 6—10 月，布哈河口站分别占全年的 90% 和 100%，刚察站分别占全年的 87% 和 100%。

表 8-5　青海湖区主要水文控制站实测水沙特征值对比

河　　流		布 哈 河	依克乌兰河
水文控制站		布哈河口	刚　　察
控制流域面积（万平方公里）		1.43	0.14
年径流量 （亿立方米）	多年平均	9.344 (1957—2020 年)	2.836 (1959—2020 年)
	近 10 年平均	15.59	3.485
	2021 年	11.61	3.093
	2022 年	12.32	2.950
年输沙量 （万吨）	多年平均	41.5 (1966—2020 年)	8.44 (1968—2020 年)
	近 10 年平均	64.5	11.3
	2021 年	31.2	5.69
	2022 年	67.0	27.3
年平均含沙量 （千克／立方米）	多年平均	0.439 (1966—2020 年)	0.295 (1968—2020 年)
	2021 年	0.269	0.184
	2022 年	0.542	0.947
输沙模数 [吨/（年·平方公里）]	多年平均	28.9 (1966—2020 年)	58.5 (1968—2020 年)
	2021 年	21.8	39.5
	2022 年	46.7	189

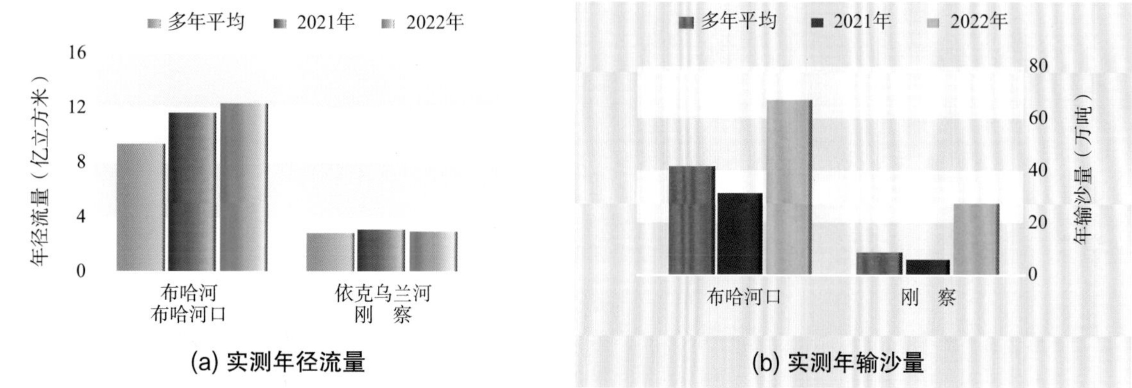

图 8-7　青海湖区主要水文控制站水沙特征值对比

(a) 实测年径流量　　　　(b) 实测年输沙量

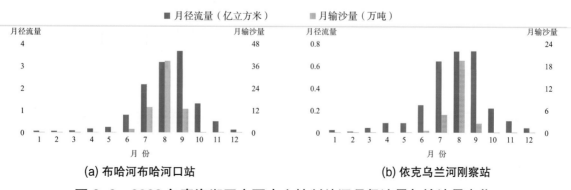

(a) 布哈河布哈河口站　　　　(b) 依克乌兰河刚察站

图 8-8　2022 年青海湖区主要水文控制站逐月径流量与输沙量变化

3. 洪水泥沙

2022 年青海湖流域布哈河、依克乌兰河发生了不同程度的中小洪水，各站洪水水沙特征值见表 8-6。布哈河口站和刚察站的洪峰流量分别为 350 立方米 / 秒和 176 立方米 / 秒，最大含沙量分别为 4.73 千克 / 立方米和 17.4 千克 / 立方米。

表 8-6　2022 年青海湖区洪水泥沙特征值

| 河流 | 水文站 | 最大 1 日洪水 | | | 洪峰流量 | | 最大含沙量 | |
		径流量 （亿立方米）	输沙量 （万吨）	发生时间 （月.日）	流量 （立方米/秒）	发生时间 （月.日 时:分）	含沙量 （千克/立方米）	发生时间 （月.日 时:分）
布哈河	布哈河口	0.2894		9.1	350	9.1 14:00		
			6.51	8.25			4.73	8.24 20:00
依克乌兰河	刚察	0.0924		7.18	176	7.18 9:12		
			4.47	8.18			17.4	8.14 6:48

三、典型断面冲淤变化

依克乌兰河刚察水文站断面

青海湖区依克乌兰河刚察水文站断面冲淤变化见图 8-9。2013—2022 年刚察水文站断面有一定的冲淤变化，变化主要集中在靠右岸河床部分，2022 年度断面有冲有淤，整体变化不大。

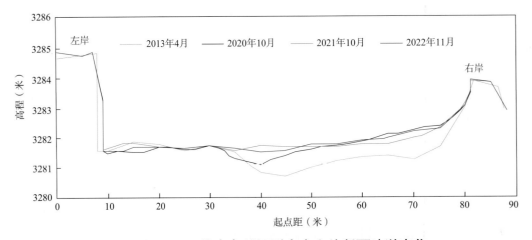

图 8-9　依克乌兰河刚察水文站断面冲淤变化

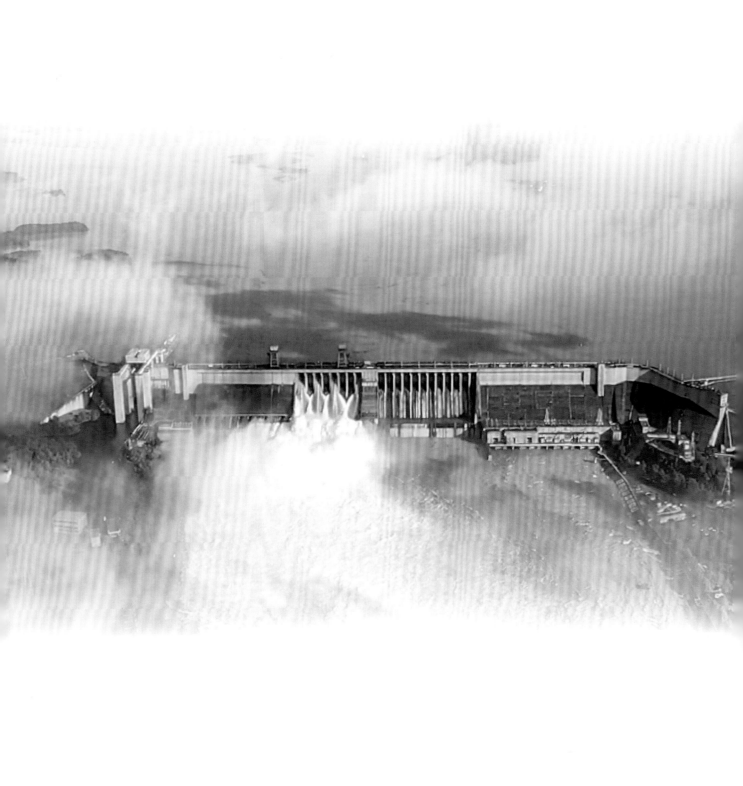